教育部计算机相关教学指导委员会创办
《全国普通高校大学生竞赛分析报告》“竞赛目录”赛事

2025年（第18届）
中国大学生计算机设计大赛
参赛指南

中国大学生计算机设计大赛组委会参赛指南编写委员会　组织编写

中国铁道出版社有限公司
CHINA RAILWAY PUBLISHING HOUSE CO., LTD.

内 容 简 介

中国大学生计算机设计大赛（简称“4C”或“大赛”）是教育部认可的《全国普通高校大学生竞赛分析报告》中“竞赛目录”内赛事，是由教育部计算机相关教指委创办的、我国最早的面向高校本科生的赛事之一。

为了更好地指导2025年（第18届）中国大学生计算机设计大赛，大赛组委会参赛指南编写委员会组织编写了本书。本书共分12章，内容包括2025年大赛通知、大赛章程、大赛组委会、大赛内容与分类、赛事级别与作品上推方案、国赛承办单位与管理、参赛要求、奖项设置、违规作品处理、作品评比与评比委员规范、特色作品研讨，以及2024年获奖概况与获奖作品选登。

本书有助于规范参赛作品并提高大赛作品质量，是参赛院校，特别是参赛队指导教师的必备用书，也是参赛学生的重要参考资料。此外，本书也是从事计算机基础教学，尤其是新文科跨学科计算机教学的参考书。

图书在版编目（CIP）数据

2025年（第18届）中国大学生计算机设计大赛参赛指南 / 中国大学生计算机设计大赛组委会参赛指南编写委员会组织编写. 北京 : 中国铁道出版社有限公司，2025. 4.
ISBN 978-7-113-32223-6

Ⅰ. TP302

中国国家版本馆CIP数据核字第2025V3C399号

书　　名：2025年（第18届）中国大学生计算机设计大赛参赛指南
作　　者：中国大学生计算机设计大赛组委会参赛指南编写委员会

策　　划：王春霞　　**编辑部电话：**（010）63551006
责任编辑：王春霞　许　璐
封面设计：刘　颖
赛标设计：顾群业
责任校对：安海燕
责任印制：赵星辰

出版发行：中国铁道出版社有限公司（100054，北京市西城区右安门西街8号）
网　　址：https://www.tdpress.com/51eds
印　　刷：天津嘉恒印务有限公司
版　　次：2025年4月第1版　2025年4月第1次印刷
开　　本：787 mm×1 092 mm 1/16　**印张：**12.75　**字数：**309千
书　　号：ISBN 978-7-113-32223-6
定　　价：69.00元

前言

中国大学生计算机设计大赛（Chinese Collegiate Computing Competition，简称“4C” 或“大赛”）是我国普通高校面向本科生最早的赛事之一，始筹于2007年，首届于2008年举办。大赛自开赛至2019年，一直由教育部高校与计算机相关的教指委等组织独立或联合主办。根据教育部相关文件精神，从2020年开始，大赛由以北京语言大学为法人单位的中国大学生计算机设计大赛组织委员会主办。大赛组委会由北京语言大学、中国人民大学、华东师范大学、南京大学、东南大学、山东大学、东北大学、厦门大学等高校，以及清华大学、北京大学等高校的教师组成。大赛自2019年开始，一直是全国普通高校大学生竞赛目录的赛事之一，并名列全国普通高校大学生计算机类竞赛列表第3位。

大赛是在国家现行宪法、法律、法规的范围内，面向中国高等院校当年在籍本科生（含港、澳、台学生，以及来华留学生）的非营利性、公益性、科技型的群众性活动。

大赛内容覆盖非专业的大学计算机课程的基本内容，是大学计算机课程理论教学实践活动的组成部分。大赛的创作主题与学生就业需求贴近。大赛可为在籍学生提供提升实践能力、创新创业能力的训练机会，为优秀人才脱颖而出创造条件，进而提高学生信息素质，提升学生运用现代信息技术解决实际问题的综合能力。

大赛本着公平、公正、公开的原则对待每一件参赛作品，为参赛师生展示才华提供了竞技平台。大赛的目的是以赛促学、以赛促教、以赛促创，为培养德智体美劳全面发展的创新性、应用型、复合型人才服务。

大赛已成功举办了17届86场赛事。在大赛组织过程中，北京语言大学、中国人民大学、华东师范大学、北京大学、清华大学、南京大学等高校的相关教师，各级赛组委会，以及作品指导教师等，做出了重要贡献。

2025年（第18届）中国大学生计算机设计大赛分设11个大类，分别是：（1）软件应用与开发；（2）微课与AI辅助教学；（3）物联网应用；（4）大数据应用；（5）人工智能应用；（6）信息可视化设计；（7）数媒静态设计；（8）数媒动漫与短片；（9）数媒游戏与交互设计；（10）计算机音乐创作；（11）国际生“汉学”。

大赛国赛按参赛作品类别组合为5个决赛区，将于2025年7～8月举行。

为了更好地指导大赛，我们组织编写了本参赛指南。

本书共分12章，内容包括2025年大赛通知、大赛章程、大赛组委会、大赛内容与分类、赛事级别与作品上推方案、国赛承办单位与管理、参赛要求、奖项设置、违规作品处理、作品评比与评比委员规范、特色作品研讨，以及2024年获奖概况与获奖作品选登。

本书中2024年获奖概况与获奖作品选登，按获奖类别和获奖等级分类，以期为创作2025年参赛作品提供启发。特色作品的竞赛提交文档（含演示视频和作品素材），可在中国铁道出版社教育资源数字化平台（https://www.tdpress.com/51eds）用手机号注册登录后，在“搜索”栏选择“课程”并输入关键字（如“4C2025大赛”）查找，即可找到相关资源进行下载。

本书主要章节由大赛组委会参赛指南编写委员会卢湘鸿、李吉梅组织编写，全书统稿由李吉梅负责。参与具体工作和提供意见的还有杜小勇、尤晓东、周小明、王学颖等。在此，特别感谢（排名不分先后）：黄心渊、郑莉、张铭、卢卫、曹永存、淮永建、赵慧周、黄达、霍楷、吕英华、郑骏、杨志强、杜明、金莹、陈汉武、褚宁琳、李骏扬、林菲、詹国华、潘瑞芳、谢秉元、杨勇、陈华宾、郝兴伟、徐东平、郑世珏、匡松、卢虹冰、耿国华等老师所做出的贡献。

本书的出版，得到了中国铁道出版社有限公司的大力支持。本参赛指南对于规范参赛作品、提高大赛的作品质量，以及促进我国高等院校计算机基础教学的教与学，将起到积极的推动作用。

对于本书中的不足，欢迎大家指正、建议。

中国大学生计算机设计大赛
组委会参赛指南编写委员会
2024 年 12 月 8 日于北京

目 录

第 1 章 2025 年大赛通知

中国大学生计算机设计大赛组织委员会函件

中大计赛函〔2025〕1 号

关于举办“2025 年（第 18 届）中国大学生计算机设计大赛”的通　　知

各相关院校、省（自治区、直辖市）赛区、跨省区域赛区、国赛区：

中国大学生计算机设计大赛（下面简称“大赛”）是由教育部计算机相关教指委于2008年创办的、我国最早的面向高校本科生的赛事之一。大赛的目的是以赛促学、以赛促教、以赛促创，为国家培养德智体美劳全面发展的创新型、复合型、应用型人才服务。

2025年（第18届）中国大学生计算机设计大赛是由北京语言大学、中国人民大学、华东师范大学、南京大学、东南大学、山东大学、厦门大学、东北大学等高校，以及清华大学、北京大学等高校的教师组成的中国大学生计算机设计大赛组织委员会主办，参赛对象为全国高校2025年在籍的本科生（含港、澳、台学生，以及来华留学生）。大赛以校级赛、省级赛、国家级赛三级竞赛形式开展，国赛只接受省级赛上推的本科生的参赛作品。

2025年大赛分设11个大类，分别是：（1）软件应用与开发；（2）微课与AI辅助教学；（3）物联网应用；（4）大数据应用；（5）人工智能应用；（6）信息可视化设计；（7）数媒静态设计；（8）数媒动漫与短片；（9）数媒游戏与交互设计；（10）计算机音乐创作；（11）国际生“汉学”。详见附件1～附件3。

2025年大赛数媒类与计算机音乐创作类作品的主题是“中国古代物理——中华优秀传统文化系列之五”，国际生类的主题是“汉学”，信息可视化设计类的主题是“中华自然科学及其他优秀文化瑰宝（限1911年前）”。

大赛国赛共组合为5个决赛区，其作品类别、分管单位、承办单位和时间安排如下：

1. 上海赛区（大数据应用/数媒游戏与交互设计/国际生“汉学”）/（东华大学/华东师范大学/中国人民大学）/承办学校：华东理工大学/7月17日—7月21日。

2. 南京南赛区（微课与AI辅助教学/数媒静态设计）/（南京大学/东北大学/江苏省计算机学会）/承办学校：南京大学/7月22日—7月26日。

3. 济南赛区（软件应用与开发）/（山东大学/北京语言大学）/承办学校：泰山学院/7月27日—7月31日。

4. 杭州赛区（物联网应用/信息可视化设计/计算机音乐创作）/（厦门大学/杭州电子科技大学/浙江音乐学院）/承办学校：浙江理工大学/8月8日—8月12日。

5. 南京东赛区（人工智能应用/数媒动漫与短片）/（东南大学）/承办学校：东北师范大学/8月13日—8月17日。

请各相关院校、省级赛组委会，根据大赛通知和竞赛规程要求，积极组织学生参赛，并在指导教师工作量及参赛经费等方面予以大力支持。

附件1　2025年（第18届）中国大学生计算机设计大赛竞赛规程
附件2　大赛简介
附件3　大赛信息咨询联系方式
附件4　《公开地图内容表示规范》
大赛信息发布网站：http://jsjds.blcu.edu.cn。

中国大学生计算机设计大赛组织委员会
2025年01月01日

附件 1

2025 年（第 18 届）中国大学生计算机设计大赛竞赛规程（竞赛主题、作品分类、参赛要求、承办院校与决赛时间），详见第 4 章、第 5 章和第 6 章。

附件 2

中国大学生计算机设计大赛简介

1. 大赛历史

中国大学生计算机设计大赛（Chinese Collegiate Computing Competition，简称“4C”或“大赛”）始筹于 2007 年，首届于 2008 年，已经成功举办了 17 届 86 场赛事。

大赛的第一届由教育部高等学校文科计算机基础教学指导委员会独立发起主办；从第三届开始，理工类计算机教指委参与主办；从第五届开始，计算机类专业教指委也参与主办；从第 13 届开始，根据教育部高教司的相关通知，大赛由中国大学生计算机设计大赛组织委员会主办，大赛组委会由北京语言大学、中国人民大学、华东师范大学、南京大学、东南大学、厦门大学、山东大学、东北大学等高校，以及清华大学、北京大学等高校的教师组成。大赛组委会的相应机构，由相关高校、相关部门、承办单位相关人员等组成。

此外，2011—2016 年中国教育电视台参与了主办；2017 年，中国高教学会参与了主办；2018 年，中国青少年新媒体协会参与了主办。

自 2019 年开始，大赛是中国高教学会发布的《全国普通高校大学生竞赛分析报告》中“竞赛目录”内赛事，目前名列全国普通高校大学生计算机类竞赛列表第 3 位。

大赛每年举办一次。国赛决赛时间是当年 7 月中旬至 8 月下旬。

2. 大赛前提

“三安全”是中国大学生计算机设计大赛的前提，包括政治安全、经济安全和人身安全。政治安全，是指大赛竞赛的内容和竞赛管理，要符合现行的宪法、法律和法规；经济安全，是指所有往来的经费委托承办院校处理，财务必须符合国家的相关制度；人身安全，是指现场决赛期间，务必保证参与者的人身安全。参与者包括参赛选手、指导教师、竞赛评委，以及与大赛相关的志愿者等其他人员。

3. 大赛目标

“三服务”是中国大学生计算机设计大赛的办赛目标和发展愿景，具体包括：

（1）为就业能力提升服务，即为满足学生就业（含深造）的需要服务；

（2）为专业能力提升服务，即为满足学生本身专业相关课程实践的需要服务；

（3）为创新创业能力提升服务，即为把学生培养成德智体美劳全面发展、具有团队合作意识和创新创业精神的人才需要服务。

大赛是大学计算机课程理论教学实践活动的组成部分，是大学阶段计算机技术应用“第一课堂”理论学习之后进行实践的一种形式，是大学生学习的“第二课堂”。大赛旨在激发学生学习计算机知识和技能的兴趣与潜能，提高学生运用信息技术解决实际问题的综合能力。通过大赛这种计算机教学实践形式，可展示师生的教与学成果，最终以赛促学，以赛促教，以赛促创。

4. 大赛性质

中国大学生计算机设计大赛是非营利的、公益性的、科技型的群众活动。大赛的生命线与遵从的原则是“三公”，即公开、公平、公正。公平、公正是灵魂和基础，公开是公平、公正的保障。

中国大学生计算机设计大赛设有章程，操作规范、透明。自2009年开始，每年均正式出版参赛指南（内容包括大赛通知、大赛章程、大赛组委会、大赛内容与分类、国赛承办单位与管理、参赛要求、奖项设置、违规作品处理、作品评比与评比委员规范、特色作品研讨、获奖作品选登等）。这种利于社会监督、检验赛事的做法，是目前全国所有（200多个）面向大学生的竞赛中所仅有的。

5. 大赛对象与竞赛分类

（1）国赛参赛对象，是全国高等院校当年在籍本科生（含港、澳、台学生，以及来华留学生）。

（2）竞赛内容目前分设：软件应用与开发、微课与AI辅助教学、物联网应用、大数据应用、人工智能应用、信息可视化设计、数媒静态设计、数媒动漫与短片、数媒游戏与交互设计、计算机音乐创作，以及国际生“汉学”等11大类。

2025年大赛数媒类与计算机音乐创作类作品的主题是“中国古代物理——中华优秀传统文化系列之五”，国际生类的主题是“汉学”，信息可视化设计类的主题是“中华自然科学及其他优秀文化瑰宝（限1911年前）”。

（3）计算机音乐创作类竞赛，是我国境内开设最早的、面向大学生进行计算机音乐创作的国家级赛事。

6. 大赛现况

（1）大赛以三级竞赛形式开展，校级赛——省级赛——国家级赛。校级赛、省级赛（包括省赛、跨省区域赛和省级联赛）可自行、独立组织。省级赛原则上由各省的计算机学会、省计算机教学研究会、省计算机教指委或省教育厅（市教委）主办。

由省教育厅一级参与或继续主办省级选拔赛的有天津、辽宁、吉林、黑龙江、上海、江苏、安徽、福建、山东、江西、湖南、广东、海南、四川、云南、甘肃、新疆等。

大赛要求校级赛上推省级赛的比例不高于参加校级赛有效作品数的50%。省级赛的奖项由省级赛组委会自行设置。建议省级赛一等奖作品数不高于参加省级赛有效作品数的10%，二等奖不高于20%，三等奖30%～40%。

省级赛上推国赛的作品数量，自2024年开始实行限额制。省级赛组委会可将不超过上推限额的、按作品小类排名在省级赛前30%的优秀作品，上推入围国赛。

（2）大赛的参赛作品贴近实际，有些直接由企业命题，与社会需要相结合，有利于学生动手能力的提升，有利于创新创业人才的培养。参赛院校逐年增多，由2008年（第1届）的80所院校，发展到2024年（第17届）的1 000多所；仅2024年的参赛师生，超过10万。参赛作品质量也逐年提高，有些作品被CCTV采用，有些已商品化。

（3）由于秉承公开、公平、公正的原则，大赛在全国已有良好声誉，赛事的影响力也逐年提升。以大赛国赛的参赛院校为例，目前本科院校参赛超过七成，一流大学和一流学科院校参赛超过八成；原211院校和原985大学参赛近九成。

7. 结束语

中国大学生计算机设计大赛以“三安全”为前提，以“三服务”为目标，以“三公”为原则，从筹备开赛到现在，经过近20年来的共同艰辛努力，得到了参赛师生的理解、支持和信任！

中国大学生计算机设计大赛的发展，将进一步地让师生受益、让学校受益、让社会受益，更好地服务于国家战略！

（大赛组委会秘书处整理　2024年10月8日）

附件3

2025年（第18届）中国大学生计算机设计大赛
信息咨询联系方式

序号	类别	名称	联系人	联系电话	联系人邮箱	联系人单位
1	省赛	北京	武文娟 姚琳	010-62511258 17810239065	bjjsjsjds@163.com yaolin@ustb.edu.cn	中国人民大学 北京科技大学
2	省赛	天津	郭天勇	15922101627	guoty@nankai.edu.cn	南开大学
3	省赛	河北	肖胜刚	13833043671	hbsjsjds@hotmail.com	河北大学
4	省赛	山西	于一 张奋飞 王博	18603457072 15834072803 13803490321	41769293@qq.com 839668455@qq.com 22599870@qq.com	中北大学
5	省赛	内蒙古	卜范玉	15847101243	bufanyu@imufe.edu.cn	内蒙古财经大学
6	省赛	辽宁	刘冰	024-86574484	3610278@qq.com	沈阳师范大学
7	省赛	吉林	张宇楠	18843077111	zhyn@jlu.edu.cn	吉林大学
8	省赛	黑龙江	金一宁	13936619560	hlj4cds@163.com	哈尔滨商业大学
9	省赛	上海	王占全	13512162031	zhqwang@ecust.edu.cn	华东理工大学
10	省赛	江苏	叶锡君 蒋锁良	18651600817 15951802690	jsjdswk@163.com	无锡太湖学院 南京师范大学
11	省赛	浙江	成禄	0571-86919045 18358112973	jsjsjds@hdu.edu.cn	杭州电子科技大学
12	省赛	安徽	杨勇	0551-5108293	ahjsjds@163.com	安徽大学
13	省赛	福建	高博	13375003893	xiaogengzj@126.com	福建农林大学
14	省赛	山东	田金良 牟堂娟	15953126255 18663770916	164239197@qq.com	山东工艺美术学院
15	省赛	江西	廖云燕	18970827031	liaoyunyan@foxmail.com	江西师范大学
16	省赛	河南	尚展垒	13838156565	shangzl@zzuli.edu.cn	郑州轻工业大学
17	省级联赛	中南赛区 - 湖北	彭德巍	18971201441	617068@qq.com	武汉理工大学
18	省级联赛	中南赛区 - 湖南	刘毅文	15367584510	87134537@qq.com	怀化学院

续表

序号	类别	名称	联系人	联系电话	联系人邮箱	联系人单位
19	省级联赛	粤港澳赛区 - 广东	李宇耀	020-36635026	everybit@163.com	广东外语外贸大学
20	省级联赛	粤港澳赛区 - 澳门	李宇耀	020-36635026	everybit@163.com	广东外语外贸大学
21	省级联赛	粤港澳赛区 - 香港	李宇耀	020-36635026	everybit@163.com	广东外语外贸大学
22	省赛	广西	尹本雄	18677362918	550566558@qq.com	广西师范大学
23	省赛	海南	薛以胜 罗志刚	13138983737 13307609500	52214711@qq.com 33099047@qq.com	海南师范大学
24	省赛	重庆	刘慧君	13668020601	290441667@qq.com	重庆大学
25	省赛	四川	柳波	13990101206	13976165@qq.com	绵阳师范学院
26	省赛	贵州	胡家磊	18798093145	85449598@qq.com	贵州师范大学
27	省赛	云南	杜文方	13078702437	dwenfpn@163.com	昆明理工大学
28	省级联赛	西北赛区 - 陕西	董卫军	18082286999	wjdong@nwu.edu.cn	西北大学
29	省级联赛	西北赛区 - 甘肃	董卫军	18082286999	wjdong@nwu.edu.cn	西北大学
30	省级联赛	西北赛区 - 青海	董卫军	18082286999	wjdong@nwu.edu.cn	西北大学
31	省级联赛	西北赛区 - 宁夏	董卫军	18082286999	wjdong@nwu.edu.cn	西北大学
32	省级联赛	西北赛区 - 西藏	董卫军	18082286999	wjdong@nwu.edu.cn	西北大学
33	省赛	新疆	崔青	13899802208	xjjsjds@163.com	新疆大学
34	国赛	国赛咨询	王学颖	18640575939	751661713@qq.com	沈阳师范大学
35	国赛	国赛咨询	杨勇	0551-65108293	yyzhhyzb@163.com	安徽大学

第2章 大赛章程

中国大学生计算机设计大赛（Chinese Collegiate Computing Competition，简称“4C”或“大赛”）始筹于2007年，首届于2008年举办，已经成功举办了17届86场赛事。

大赛的第一届由教育部高等学校文科计算机基础教学指导委员会独立发起主办；从第三届开始，理工类计算机教指委参与主办；从第五届开始，计算机类专业教指委也参与主办；从第13届开始，根据教育部高教司的相关通知，大赛由中国大学生计算机设计大赛组织委员会主办。大赛组委会由北京语言大学、中国人民大学、华东师范大学、南京大学、东南大学、厦门大学、山东大学、东北大学等高校，以及清华大学、北京大学等高校的教师组成。大赛组委会的相应机构，由相关高校、相关部门、承办单位相关人员等组成。

2.1 总则

第1条　大赛遵循国家现行宪法、法律、法规，是面向全国高校当年在籍本科生（含港、澳、台学生，以及来华留学生）的非营利性、公益性、科技型的群众活动。

第2条　大赛目的

（1）激发学生学习计算机知识和技能的兴趣与潜能，提高其运用信息技术解决实际问题的综合能力，为学生就业的需要服务、为学生专业发展的需要服务和为创新创业人才培养的需要服务，以赛促学，以赛促教，以赛促创，为培养德智体美劳全面发展、具有团队合作意识、创新创业能力的复合型、应用型人才服务。

（2）大赛是本科生相关专业计算机知识与技能学习的一种实践形式，是教学实践活动的组成部分。通过计算机教学实践，进一步推动高校大学计算机课程有关计算机应用教学的知识体系、课程体系、教学内容和教学方法的改革，培养学生科学思维意识，切实提高计算机技术基本应用的教学质量，展示师生的教学成果。

2.2 组织机构

第3条　中国大学生计算机设计大赛组织委员会（以下简称“大赛组委会”），是大赛的最高权力组织机构。大赛组委会由高校相关人员、政府相关部门、承办单位相关负责人等组成。

第 4 条　本赛事由大赛组委会主办，大学（或与所在地方政府，或与省级高校计算机学会，或与省级高校计算机教育研究会，或与企业，或与行业等共同）承办，专家指导，学生参与，相关部门支持。

大赛组织委员会下设秘书处、专家委员会、数据与技术保障委员会（简称“数据委”）、纪律与监督委员会（简称“纪监委”）等工作部门。

（1）大赛组委会下属工作部门由大赛组委会负责组筹，其挂靠高校有责任在经费等方面给予必要的支持。

（2）大赛组委会秘书长主管秘书处，秘书处具体负责大赛组委会日常工作。

第 5 条　大赛组委会各工作部门分别负责大赛对象确定、国赛赛务承办单位落实、赛题拟定、报名发动、评委聘请、作品评比、证书印制、颁奖仪式举办、参赛人员食宿服务及其他与赛事相关的所有工作。

大赛组委会下属各工作部门，若做出的决定欲成为大赛组委会行为时，需经大赛组委会批准。

2.3 大赛形式与规则

第 6 条　本赛事采用全国统一命题，每年举办一次，赛事活动在当年结束。大赛国赛一般是现场赛，在暑假期间举行。根据竞赛的内容和其他需要，大赛组委会可决定采取线下决赛，或线上决赛，或线上线下混合决赛等形式。

第 7 条　本赛事采用三级赛制。

（1）校级赛：本赛事的基层动员与初赛举办。

（2）省级赛：为国家级赛（简称“国赛”）推荐参赛作品和作者。省级赛包括省赛（即省、直辖市、自治区举办的赛事）和省级联赛（即跨省的区域选拔赛）。

（3）国家级赛：在大赛组委会委托的承办单位所在地或其他合适的地点举办。

校级赛、省级赛可自行、独立组织。

校级赛、省级赛的作品所录名次，与作品在国赛中评比、获奖等级无必然联系，不影响国赛独立评比和确定作品的获奖等级。

第 8 条　参赛作品要求。

（1）遵循国家宪法和相关法律、法规，符合中华民族优秀文化传统、优良公共道德价值、行业规范等要求。

（2）本届参赛作品必须是在本届大赛时间范围内（2024 年 7 月 1 日～ 2025 年 6 月 30 日）完成的原创作品，并体现一定的创新性或实用价值。不在本届大赛时间范围内完成的作品，不得参加本届竞赛。提交作品时，需同时提交该作品的源代码及素材文件。

（3）参赛作品必须是为本届大赛所完成的校级、校际与省级选拔赛的作品。与 2024 年 7 月 1 日之前校外展出或获奖作品雷同的参赛作者的前期作品，不得重复参赛；作品完成者与参赛作者必须一致，不得由他人代做；参赛作品的版权必须属于参赛作者，不得侵权。凡已经转让知识产权或不具有独立知识产权的作品，均不得报名参加本赛事。

（4）省级赛上推入围国赛的作品，在取得国赛参赛资格后，其作者与指导教师的姓名和排序，不得变更。

（5）参赛作品不得在本赛事的大类间一稿多投。

（6）对本赛事设有作品主题的竞赛类别，作品必须按设定的主题进行设计。

第 9 条　本赛事国赛参赛对象为 2025 年全国高校当年在籍的中国本科生和国际来华本科生。2025 届的毕业生可以参赛，但一旦入围国赛，则应亲自参与决赛答辩，否则将影响作品的最终成绩。

第 10 条　本赛事只接受以学校为单位组队参赛。每校参赛作品，原则上每个小类不多于 2 件，每个大类不多于 3 件。各个类别的具体规定，请参见第 4 章。

第 11 条　参赛院校应安排有关职能部门负责参赛作品的组织、纪律监督与内容审核等工作，以保证本校竞赛的规范性和公正性，并由该学校相关部门签发组队参加大赛报名的文件。

第 12 条　违规作品处理。

违规作品的处理细则，参见第 9 章。其他异议作品的处理细则，另行规定。

第 13 条　作品参赛经费。

（1）学生参赛费用，应由参赛学生所在学校承担。

（2）学校有关部门要在多方面积极支持大赛工作，对指导教师应在工作量、活动经费等方面给予必要的支持。

第 14 条　本赛事国赛的参赛作品，参赛作者享有署名权、使用权，大赛组委会对参赛作品享有不以营利为目的的使用权；参赛作品的其他权利，由参赛作者和大赛组委会共同所有。

2.4 评奖办法

第 15 条　大赛组委会专家委员会本着公开、公平、公正的原则，组织评审参赛作品。

第 16 条　各个省级赛（包括省赛和省级联赛），可将不超过上推限额的、按作品小类排名在省级赛前 30% 的优秀作品，上推入围国赛。各个省级组委会的上推限额，与该省级赛区上一届的国赛参赛（如获奖、违规）等情况有关。

第 17 条　上推入围国赛的作品，经资格审查、入围公示并确认合格后，确定为入围国赛作品，其名单将在大赛网站公告。

第 18 条　入围国赛的作品，将按参赛作品类别，分别在不同国赛决赛区进行全国决赛。全国决赛包括作品展示与说明、作品答辩、专家评审等环节，部分作品将根据情况邀请其公开展示、参与点评研讨等活动。

第 19 条　国赛作品奖项的总数为 3 550 项。其中，软件应用与开发类 625 项、微课与 AI 辅助教学类 535 项、物联网应用类 350 项、大数据应用类 225 项、人工智能应用类 430 项、信息可视化设计类 325 项、数媒静态设计类 335 项、数媒动漫与短片类 320 项、数媒游戏与交互设计类 230 项、计算机音乐创作类 105 项，国际生“汉学”类 70 项。入围国赛的作品，若发现违规，则按第 9 章的违规作品处理细则进行违规处理。

上述评奖比例分别按比赛作品类别大类中的小类计算。本届共设置 11 个大类，包括软件应用与开发、微课与 AI 辅助教学、物联网应用、大数据应用、人工智能应用、信息可视化设计、数媒静态设计、数媒动漫与短片、数媒游戏与交互设计、计算机音乐创作和国际生“汉学”。各大类应有各自的一等奖，各类别之间获奖名额不得互相挪用；各个大类中包含若干个小类，各小类原则上也应有各自的各级奖项，各小类之间奖项名额不得挪用。

2.5 公示与异议

第 20 条　为使大赛评比公平、公正、公开，大赛实行公示与异议制度。

第 21 条　对参赛作品，大赛组委会将分阶段（如报名、省级赛上推入围国赛、国赛决赛）在大赛网站上公示，以供监督、评议。任何个人和单位均可提出异议，由大赛组委会纪律与监督委员会受理。

第 22 条　受理异议的重点是违反竞赛章程的行为，包括作品抄袭、重复参赛、他人代做、一稿多投、不公正的评比等。

第 23 条　异议形式。

大赛仅受理实名提出的异议（包括申诉、投诉和举报），匿名提出的异议无效。

（1）个人提出的异议，须写明本人的真实姓名、所在单位、通信地址、联系手机号码、电子邮件地址等，并需提交身份证复印件和具有本人亲笔签名的异议书。

（2）单位提出的异议，须写明联系人的真实姓名、通信地址、联系手机号码、电子邮件地址等，并需提交加盖本单位公章和负责人亲笔签名的异议书。

（3）大赛组委会纪监委对提出异议的个人或单位的信息负有保密职责。

（4）与异议有关的学校的相关部门，应协助大赛组委会纪监委对异议作品进行调查。

（5）纪监委在公示期或公示期结束后的适当时间（如每年的 10 月下旬前）向提出异议的个人或单位统一答复处理结果。

第 24 条　申诉和投诉的受理，仅限于公示期。若在公示期之外，举报已获奖的作品，只要是有真凭实据地举报其抄袭、他人代做等侵权行为，以及重复参赛、一稿多投等违规行为，纪监委均随时受理，何时发现何时处理，决不姑息。

违规作品的处理细则，参见第 9 章。

2.6 经费

第 25 条　大赛经费由主办、承办、协办和参赛单位共同筹集。各项费用标准依据历年承办经验和实际情况，由大赛组委会研究确定。

每件参加国赛的作品，均需由参赛院校缴纳报名费。

每位参加国赛决赛的成员（包括参赛作品作者、指导教师和领队），均需根据国赛决赛区的要求，由参赛院校交纳赛务费。赛务费主要用于参赛人员餐费、保险以及其他（如奖牌、证书）等开支。

正常情况下，国赛承办单位负责为参赛师生和评比委员统一安排住宿，费用自理。

第 26 条　在不违反大赛评比公开、公平、公正原则和不损害大赛及相关各方声誉的前提下，大赛接受政府、企业、事业单位或个人向大赛提供经费或其他形式的捐赠资助。

第 27 条　大赛属非营利性、公益性、科技型的群众活动，所筹经费仅以满足大赛赛事本身的各项基本需要为原则。大赛经费使用应遵循国家财务制度，直接用于竞赛本身和参赛师生，承办学校或个人不得挪作他用。

第 28 条　大赛国赛承办院校，在竞赛活动结束后，应在国赛当年的规定时间内，按照指定格式，上报财务决算报告与决赛总结。

2.7 国赛决赛承办单位的职责

第 29 条　国赛承办单位要与组委会签订承办协议，具体规定承办单位的职责和权利。

第 30 条　国赛承办单位有责任在必要时通过其法律顾问为大赛提供法律援助。

2.8 附则

第 31 条　本赛事的未尽事宜，将另行制定补充章程。补充章程中的相应规定，与本章程具有同等效力。

第 32 条　本章程的解释权属大赛组委会。

第 3 章 大赛组委会

中国大学生计算机设计大赛（Chinese Collegiate Computing Competition，简称“4C”或“大赛”）是我国高校最早面向普通高校本科生的赛事之一。自 2008 年开赛至 2019 年，一直由教育部高校与计算机相关的教指委等组织，或独立或联合主办。

根据教育部相关文件的精神，目前大赛是由以北京语言大学为法人单位的，由北京语言大学、中国人民大学、华东师范大学、南京大学、东南大学、厦门大学、山东大学、东北大学等高校，以及清华大学、北京大学等高校的教师组成的中国大学生计算机设计大赛组委会主办。

2025 年度大赛组委会基本构架如下。

3.1 名誉主任

（按姓氏笔画排序）：

陈国良（中国科学技术大学，中国科学院）

周远清（教育部）

靳　诺（中国人民大学）

3.2 组委会主任

段　鹏（北京语言大学）

3.3 组委会常务副主任

杜小勇（中国人民大学）

3.4 组委会副主任

（按姓氏笔画排序）：

王　强（东北大学）
王慧锋（华东理工大学）
吕英华（东北师范大学）
吴　卿（杭州电子科技大学）
刘九庆（东北师范大学）
金　石（东南大学）
周傲英（华东师范大学）
舒慧生（东华大学）
王　瑞（浙江音乐学院）
韦　穗（安徽大学）
李向影（泰安学院）
吴　臻（山东大学）
陈爱喜（浙江理工大学）
方　颖（厦门大学）
顾春华（上海理工大学）

3.5 组委会顾问

卢湘鸿（北京语言大学）

3.6 组委会秘书长

李吉梅（北京语言大学）

3.7 组委会常务委员

（按姓氏笔画排序）：

王学松（北京师范大学）
匡　松（西南财经大学）
杜　明（东华大学）
何钦铭（浙江大学）
张　莉（北京航空航天大学）
陈汉武（东南大学）
林　菲（杭州电子科技大学）
郑　莉（清华大学）
赵　欢（湖南大学）
耿国华（西北大学）
徐东平（武汉理工大学）
黄　达（东北大学）
曾　一（重庆大学）
卢虹冰（空军医科大学）
刘　渊（江南大学）
李骏扬（东南大学）
张　孝（中国人民大学）
张　铭（北京大学）
陈华宾（厦门大学）
金　莹（南京大学）
郑　骏（华东师范大学）
郝兴伟（山东大学）
桂小林（西安交通大学）
黄心渊（中国传媒大学）
龚沛曾（同济大学）
颜　伟（北京语言大学）

3.8 组委会副秘书长

（按姓氏笔画排序）：

王学松（北京师范大学）
尤晓东（中国人民大学）
张力军（北京航空航天大学）
张　铭（北京大学）
郑　莉（清华大学）
徐东平（武汉理工大学）
温　雅（西北大学）

3.9 部分省级赛组委会部分成员

（排名不分先后）：

刘志敏（北京大学）
姚　琳（北京科技大学）
邓习峰（北京大学）
武文娟（中国人民大学）
赵　宏（南开大学）
朱美玲（南开大学）
郭天勇（南开大学）
袁　方（河北大学）
滕桂法（河北农业大学）
于　明（河北工业大学）
任家东（燕山大学）
肖胜刚（河北大学）
李仁伟（中北大学）
张奋飞（中北大学）
赵俊岚（内蒙古财经大学）
周建涛（内蒙古大学）
魏宏喜（内蒙古大学）
卜范玉（内蒙古财经大学）
罗敏娜（沈阳师范大学）
张　欣（吉林大学）
张宇楠（吉林大学）
郑德权（哈尔滨商业大学）
金一宁（哈尔滨商业大学）
原松梅（哈尔滨工业大学）
李　丹（东北林业大学）
刘玉峰（黑龙江大学）
杨志强（同济大学）
刘晓强（东华大学）
徐志京（上海海事大学）
吉根林（南京师范大学）
陶先平（南京大学）
张　洁（南京大学）
叶锡君（南京农业大学）
黄冬明（宁波大学）
谢秉元（浙江音乐学院）
杨柏林（浙江工商大学）
马化龙（杭州电子科技大学）
陈小平（中国科技大学）
杨　勇（安徽大学）
王　浩（合肥工业大学）
许　勇（安徽师范大学）
陈桂林（滁州学院）
孙中胜（黄山学院）
陈华宾（厦门大学）
余　轮（福州大学）
徐鲁雄（福建师范大学）
高　博（福建农林大学）
徐　琳（福建技术师范学院）
曹运龙（江西师范大学）
廖云燕（江西师范大学）
毛阳芳（江西师范大学）
罗文兵（江西师范大学）
于海雯（南昌大学）
郭　辉（井冈山大学）

钟　琦（赣南师范大学）
牟堂娟（山东工艺美术学院）
任雪玲（青岛大学）
郭清溥（河南财经政法大学）
刘　洋（河南财经政法大学）
彭德巍（武汉理工大学）
黄建忠（武汉大学）
杨玉军（怀化学院）
刘卫国（中南大学）
王常吉（广东外语外贸大学）
吴丽华（海南师范大学）
罗志刚（海南师范大学）
曾　一（重庆大学）
丁晓明（西南大学）
邹显春（西南大学）
梅　挺（成都医学院）
任　伟（成都医学院）
周　勋（贵州师范大学）
龙　飞（贵州理工学院）
高　飞（云南民族大学）
杨　毅（云南农业大学）
梁　洁（云南大学）
陈明晰（西安石油大学）
崔　青（新疆大学）
田翔华（新疆医科大学）
李志刚（石河子大学）
顾群业（山东工艺美术学院）
田金良（山东工艺美术学院）
毛艳艳（山东工商学院）
尚展垒（郑州轻工业大学）
翟　萍（郑州大学）
杨　青（华中师范大学）
彭小宁（怀化学院）
赵　欢（湖南大学）
蒋盛益（广东外语外贸大学）
李宇耀（广东外国外贸大学）
陈叙明（海南师范大学）
朱庆生（重庆计算机学会）
刘慧君（重庆大学）
向　毅（重庆科技学院）
王　锦（西华师范大学）
王　扬（绵阳师范学院）
欧卫华（贵州师范大学）
张　乾（贵州民族大学）
崔忠伟（贵州师范学院）
杨志军（云南省教育厅）
普运伟（昆明理工大学）
董卫军（西北大学）
汪烈军（新疆大学）
王崇国（新疆大学）
李海芳（新疆师范大学）

3.10 组委会组成

组委会下属机构由专家委员会（简称“专家委”）、数据与技术保障委员会（简称“数据委”）、纪律与监督委员会（简称“纪监委”），以及秘书处组成。

3.10.1　专家委员会

1. 挂靠单位：中国人民大学

2. 主　任：杜小勇（兼，中国人民大学）

副主任（按姓氏笔画排序）：

李吉梅（北京语言大学）
张　铭（北京大学）
黄心渊（中国传媒大学）
张小夫（中央音乐学院）
郑　莉（清华大学）

3．秘书长：卢　卫

副秘书长（按姓氏笔画排序）：

李骏扬（东南大学）　　陈志云（华东师范大学）

金　莹（南京大学）　　黄　敏（武汉大学）

韩静华（北京林业大学）　　谢秉元（浙江音乐学院）

4．规模：

（1）专家委员会规模原则上不多于 20 人。

（2）每个分专家委员会规模原则上不多于 20 人。

5．主要任务：

（1）确定每年参赛作品的类别和主题。

（2）制定各类别参赛作品国家级赛的评比标准。

（3）制定国家级赛的评比委员标准。

（4）推荐与审定国家级赛的评比委员。

（5）组建和维护五个专家分委员会的专家库。

（6）以作品大类为单位：

① 国家级赛评比的组织与实施；

② 评比前评比专家的培训；

③ 评比专家与参赛师生代表的对接与沟通；

④ 国赛期间特色作品的点评、研讨；

⑤ 大赛学术活动的组织；

⑥ 获奖作品的确定。

说明：评比委员数据库由各专家分委员会分别负责组建。

6．专家委机构设置：下设五个分委员会

（1）大数据 / 人工智能 / 信息可视化设计专家分委会

主　任：杜小勇（兼，中国人民大学）

副主任（按姓氏笔画排序）：

刘　渊（江南大学）　　张　铭（北京大学）

桂小林（西安交通大学）

秘书长：卢　卫（中国人民大学）

副秘书长（按姓氏笔画排序）：

王学松（北京师范大学）　　王晓慧（北京科技大学）

刘晓强（东华大学）　　李骏扬（东南大学）

温　雅（西北大学）

下设：

① 大数据组；

② 人工智能组；

③ 信息可视化设计组。

（2）软件应用与开发 / 微课与 AI 辅助教学 / 物联网应用专家分委会

主　任：陈志云（华东师范大学）

副主任（按姓氏笔画排序）：

王学松（北京师范大学）
牛东来（首都经济贸易大学）
杨　青（华中师范大学）
张力军（北京航空航天大学）
金　莹（南京大学）
秘书长：白　玥（华东师范大学）
副秘书长（按姓氏笔画排序）：
郑　宇（南京医科大学）
唐大仕（北京大学）
下设：
① 软件应用与开发组；
② 微课与教学辅助组；
③ 物联网应用组。
（3）数媒分委会
主　任：黄心渊（中国传媒大学）
副主任（按姓氏笔画排序）：
李四达（北京服装学院）
顾群业（山东工艺美术学院）
赵　敏（武汉大学）
淮永建（北京林业大学）
潘瑞芳（浙江传媒学院）
秘书长：孙　慧（东北师范大学）
副秘书长（按姓氏笔画排序）：
牟堂娟（山东工艺美术学院）
黄晓瑜（福州大学）
韩静华（北京林业大学）
霍　楷（东北大学）
下设：
① 静态设计组；
② 动漫与短片组；
③ 游戏与交互设计组。
（4）计算机音乐专家分委会
主　任：张小夫（中央音乐学院）
副主任：王　铉（中国传媒大学）
秘书长：谢秉元（浙江音乐学院）
副秘书长（按姓氏笔画排序）：
冯　坚（武汉音乐学院）
李秋筱（浙江音乐学院）
李　嘉（武汉音乐学院）
蒋安庆（中国传媒大学）
（5）国际生“汉学”专家分委会
主　任：徐　娟（北京语言大学）
副主任（按姓氏笔画排序）：
宋继华（北京师范大学）
宗　平（南京邮电大学）
秘书长：于　淼（北京语言大学）
副秘书长：郑　宇（南京医科大学）

3.10.2　数据与技术保障委员会

1. 挂靠单位：中国人民大学
2. 常务副主任：张　孝（中国人民大学）

副主任：金　莹（南京大学）

3. 秘书长：尤晓东（中国人民大学）

副秘书长（按姓氏笔画排序）：

王春玲（北京林业大学）　　刘慧君(重庆大学)

杨　勇（安徽大学）　　周小明（中国人民大学）

彭德巍（武汉理工大学）

4. 委员：

丁代宏（厦门大学）　　王春玲（北京林业大学）

尤晓东（中国人民大学）　　尹　枫（东华大学）

伍爱平（杭州电子科技大学）　　刘小锋（东北大学）

刘慧君（重庆大学）　　李炫烨（山东大学）

杨　勇（安徽大学）　　杨　喆（东北大学）

张　孝（中国人民大学）　　金　莹（南京大学）

周小明（中国人民大学）　　彭德巍（武汉理工大学）

董卫军（西北大学）

5. 主要任务：

（1）大赛网站的开发运行与维护。

（2）校赛、省级赛、国赛承办院校数据处理人员的技术培训。

（3）赛事报名与相关技术保障。

（4）大赛日常线上与线下数据处理与咨询回复。

（5）国赛决赛现场技术设备检查与赛事数据处理。

3.10.3　纪律与监督委员会

1. 挂靠单位：华东师范大学

2. 主任：周傲英（华东师范大学）

常务副主任：郑　骏（华东师范大学）

副主任（按姓氏笔画排序）：

刘腾红（中南财经政法大学）　　陈汉武（东南大学）

胡文心（华东师范大学）　　徐东平（武汉理工大学）

韩忠愿（南京财经大学）

3. 秘书长：张　洁（南京大学）

副秘书长（按姓氏笔画排序）：

刘志敏（北京大学）　　赵慧周（北京语言大学）

彭小宁（怀化学院）

4. 委员（按姓氏笔画排序）：

刘志敏（北京大学）　　刘腾红（中南财经政法大学）

张　洁（南京大学）　　张　露（四川大学）

陈汉武（东南大学）　　陈利群（南京艺术学院）

郑　骏（华东师范大学）　　赵慧周（北京语言大学）

胡文心（华东师范大学）　　徐东平（武汉理工大学）

彭小宁（怀化学院）　　　　　　　韩忠愿（南京财经大学）

5．任务：

（1）本赛事各类别的评价。

（2）评比委员资格审查。

（3）作品指导教师、各校领队基本条件制定。

（4）违规作品处理。

（5）申诉投诉与举报受理。

（6）对决赛承办单位经费使用监督。

（7）对大赛各个环节的过程与质量监督。

3.10.4　秘书处

1．挂靠单位：北京语言大学

2．主任：待定

副主任：匡　松（西南财经大学）　　郝兴伟（山东大学）

3．秘书长：李吉梅（兼，北京语言大学）

副秘书长（按姓氏笔画排序）：

王学颖（沈阳师范大学）　　　　王春玲（北京林业大学）

杨　勇（安徽大学）　　　　　　赵慧周（北京语言大学）

曹淑艳（对外经济贸易大学）

4．成员（按姓氏笔画排序）：

王学松（北京师范大学）　　　　王学颖（沈阳师范大学）

王春玲（北京林业大学）　　　　毛艳艳（山东工商学院）

吕艳霞（东北大学秦皇岛分校）　刘慧君（重庆大学）

李吉梅（北京语言大学）　　　　李骏扬（东南大学）

杨　勇（安徽大学）　　　　　　张力军（北京航空航天大学）

张靖波（东北师范大学）　　　　赵慧周（北京语言大学）

贾刚勇（杭州电子科技大学）　　黄　敏（武汉大学）

曹淑艳（对外经济贸易大学）　　彭德巍（武汉理工大学）

董卫军（西北大学）　　　　　　廖云燕（江西师范大学）

霍　楷（东北大学）

5．任务：

（1）参赛指南的研究、修改与出版。

（2）与省级赛的联系与业务指导。

（3）国赛承办院校的选定与落实。

（4）国赛决赛现场的赛务组织指导。

（5）各国赛决赛区开、闭幕式组织。

（6）本赛事启动会、总结会等会议的组筹与落实。

（7）本赛事各委员会任务之外的其他日常工作。

说明：

（1）大赛组委会所有人员，均为志愿性质，服务期为一年。大赛组委会每年重组一次。

（2）组委会下属各工作部门的其他组成人员，另行公布。

第4章 大赛内容与分类

4.1 大赛竞赛内容主要依据

大赛竞赛内容覆盖本科大学计算机课程的基本内容，是计算机应用技术理论教学实践的组成部分，是计算机应用技术理论教学实践的一种形式。

根据《关于深化高等学校创新创业教育改革的实施意见》（国办发〔2015〕36号）、《关于深化本科教育教学改革 全面提高人才培养质量的意见》（教高〔2019〕6号）等文件精神，依据本科大学计算机课程的教学要求，大赛竞赛的主要目标：

（1）为学生社会就业（含深造）的需要服务。

（2）为学生本身专业的需要服务。

（3）为把学生培养成创新创业人才的需要服务。

说明：参赛作品中如果包含地图，在涉及国家当代疆域时，应注明地图来源（如中华人民共和国自然资源部网站），并且注明审图号，否则属于违规，取消参赛资格。

4.2 大赛作品内容的大类与主题说明

2025年（第18届）中国大学生计算机设计大赛，分设11个大类：（1）软件应用与开发；（2）微课与AI辅助教学；（3）物联网应用；（4）大数据应用；（5）人工智能应用；（6）信息可视化设计；（7）数媒静态设计；（8）数媒动漫与短片；（9）数媒游戏与交互设计；（10）计算机音乐创作；（11）国际生“汉学”。

其中，（7）、（8）、（9）三个大类，统称为数媒类。

1. 数媒类与计算机音乐创作类作品的主题：中国古代物理——中华优秀传统文化系列之五

内容仅限于我国历史上（1911年以前）物理相关成就，包括：

（1）中国古代物理成就——弘扬中华优秀自然科学成就。

（2）中国古代物理领域杰出科学家——弘扬中华优秀科学家精神。

（3）中国古代杰出的物理著作——弘扬中华优秀物理科学专著。

（4）中国古代物理文化——弘扬中华优秀自然科学文明和优秀文化传承。

2．国际生参赛作品的主题：汉学

内容限于中国古代文化（1911 年以前）相关成就，包括：

（1）中国古代文化概述——弘扬中华优秀传统文化成就。

（2）中国古代文化杰出著作——弘扬中华优秀文化典籍。

（3）中国古代文化杰出学者——弘扬中华优秀传统科技文化和精神文化。

（4）中国古代文化典故与文化习俗——弘扬传承中华优秀语言文化和民俗文化。

3．信息可视化设计类作品的主题：中华自然科学及其他优秀文化瑰宝

内容仅限于我国历史上（1911 年以前）相关成就，包括：

（1）中国古代自然科学成就——弘扬中华优秀自然科学成就。

（2）中国古代自然科学领域杰出科学家——弘扬中华优秀科学家精神。

（3）中国古代自然科学著作——弘扬中华优秀自然科学专著。

（4）中国古代优秀文化——弘扬中华优秀自然科学文明和优秀文化传承。

4．数媒各大类参赛作品分组

数媒各大类参赛作品参赛时，按普通组与专业组分别进行。界定数媒类作品专业组的专业清单（参考教育部 2020 年发布新专业目录），具体包括：

（1）教育学类：040105 艺术教育。

（2）新闻传播学类：050302 广播电视学、050303 广告学、050306T 网络与新媒体、050307T 数字出版。

（3）机械类：080205 工业设计。

（4）计算机类：080906 数字媒体技术、080912T 新媒体技术、080913T 电影制作、080916T 虚拟现实技术。

（5）建筑类：082801 建筑学、082802 城乡规划、082803 风景园林、082805T 人居环境科学与技术、082806T 城市设计。

（6）林学类：090502 园林。

（7）戏剧与影视学类：130303 电影学、130305 广播电视编导、130307 戏剧影视美术设计、130310 动画、130311T 影视摄影与制作、130312T 影视技术。

（8）美术学类：130401 美术学、130402 绘画、130403 雕塑、130404 摄影、130405T 书法学、130406T 中国画、130408TK 跨媒体艺术、130410T 漫画。

（9）设计学类：130501 艺术设计学、130502 视觉传达设计、130503 环境设计、130504 产品设计、130505 服装与服饰设计、130506 公共艺术、130507 工艺美术、130508 数字媒体艺术、130509T 艺术与科技、130511T 新媒体艺术、130512T 包装设计、082404T 家具设计与工程、130510TK 陶瓷艺术设计、81602 服装设计与工程。

备注：现有专业中如果涉及上述专业方向，视同按照专业类参赛。例如，计算机科学与技术（数字媒体方向）视同专业组参赛。

5．计算机音乐创作类参赛作品分组

计算机音乐创作类参赛作品参赛时，按普通组与专业组分别进行。同时符合以下三个条件的作者，其参赛作品按计算机音乐创作类专业组参赛。

（1）在专业音乐学院、艺术学院与类似院校（如武汉音乐学院、南京艺术学院、中国传媒大学）、师范大学或普通本科院校的音乐专业或艺术系就读。

（2）所在专业是电子音乐制作或作曲、录音艺术等类似专业，例如，电子音乐制作、电子音乐作曲、音乐制作、作曲、音乐录音、新媒体（流媒体）音乐，以及其他名称但实质是相似的专业。

（3）在校期间，接受过以计算机硬、软件为背景（工具）的音乐创作、录音艺术课程的正规教育。

其他不同时具备以上三个条件的作者，其参赛作品均按普通组参赛。

4.3 大赛作品内容的类别与说明

4.3.1 软件应用与开发

包括以下小类：

（1）Web 应用与开发。

（2）管理信息系统。

（3）移动应用开发（非游戏类）。

（4）算法设计与应用。

（5）软件应用与开发专项赛。

说明：

（1）软件应用与开发的作品是指运行在计算机（含智能手机）、网络、数据库系统之上的软件，提供信息管理、信息服务、移动应用、算法设计等功能或服务。

（2）Web 应用与开发类作品，一般是 B/S 模式（即浏览器端 / 服务器端应用程序），客户端通过浏览器与 Web 服务器进行数据交互。例如，各类购物网站、博客、在线学习平台等。参赛者应提供能够在互联网上访问的网站地址（域名或 IP 地址均可）

（3）管理信息系统类作品，一般为满足用户信息管理需求的信息系统，具有信息检索迅速、查找方便、可靠性高、存储量大等优点。该类系统通常具有信息的规划与管理、科学统计和快速查询等功能。例如，财务管理系统、人力资源管理系统、商品信息管理系统等。

（4）移动应用开发（非游戏）类作品，通常专指手机上的应用软件，或手机客户端。

（5）算法设计与应用类作品，主要以算法为核心，以编程的方式解决实际问题并得以应用。既可以使用经典的传统算法，也可以利用机器学习、深度学习等 AI 算法与技术，支持 C、C++、Python、MATLAB 等多种语言实现。涉及算法设计、逻辑推理、数学建模、编程实现等综合能力。

（6）软件应用与开发专项赛，采用大赛组委会命题方式，赛题（不超过 5 个）将适时在大赛相关网站公布（http://jsjds.sdu.org.cn/，持续更新中）。

（7）每校参加省级赛的每小类作品数量，由各省级赛组委会自行规定；每校每小类入围国赛的作品不多于 2 件；每校本大类入围国赛的作品不多于 3 件。

（8）每件作品答辩时，到场作者不少于（含）2 名，作者陈述（含作品演示）不超过 10 分钟。

4.3.2 微课与 AI 辅助教学

包括以下小类：

（1）人工智能通识课、计算机基础与应用类课程的微课、教学课件、虚拟仿真实验、教学案例。

（2）中、小学数学或自然科学课程的微课、教学课件、虚拟仿真实验、教学案例。

（3）汉语言文学（限于唐诗、宋词）微课、教学课件、虚拟仿真实验、教学案例。

（4）微课与 AI 辅助教学专项赛。

说明：

（1）微课与 AI 辅助教学类别作品强调通过创新，设计质量高、互动性强的教育资源，涵盖广泛的教学资源开发，包括但不限于微课、教学课件、虚拟仿真实验、教学案例等，以促进人工智能领域的教育和智能时代需求的课程内容。同时体现 AI 技术在教育中的合理应用，特别关注 AI 通识教育中的教学实践，鼓励科教融汇、产教融合的实验设计和实际案例。

（2）微课是指运用包含人工智能技术等的信息技术，按照认知规律，呈现碎片化学习内容、过程及扩展素材的结构化数字资源，其内容以教学短视频为核心，并包含与该教学主题相关的教学设计、素材课件、教学反思、练习测试及学生反馈、教师点评等辅助性教学资源。

（3）教学课件是指根据教学大纲的要求，经过教学目标确定、教学内容和任务分析、教学活动结构及界面设计等环节，运用包含人工智能技术的信息技术手段制作的课程软件。

（4）虚拟仿真实验是指借助多媒体、仿真和虚拟现实等技术在计算机上营造可辅助、部分替代或全部替代传统教学和实验各操作环节的相关软硬件操作环境，实验者可以像在真实的环境中一样完成各种实验项目。

（5）教学案例是对典型教学过程实际情境的描述，以文档、视频、动画以及交互等形式展现。案例选择要真实而典型，内容包含案例事实描述和案例分析，案例分析必须包含问题及解决方案。

（6）微课与 AI 辅助教学类作品，应是经过精心设计的信息化、智能化教学资源，能多层次、多角度开展教学，实现因材施教，更好地服务受众。本类作品选题限定于人工智能通识课 / 计算机基础与应用，中小学数学或自然科学，以及汉语言文学（限于唐诗、宋词）这三个方面的相关教学内容。作品应遵循科学性和思想性统一、符合认知规律等原则，作品内容应立足于相关教材的对应知识点展开，其立场、观点需与教材保持一致。

（7）微课与 AI 辅助教学专项赛，采用大赛组委会命题方式，赛题（不超过 5 个）将适时在大赛相关网站公布（jsjds.jscs.org.cn，持续更新中）。

（8）每校参加省级赛的作品数量，由各省级赛组委会自行规定；每校本大类和每小类入围国赛的作品不多于 2 件。

（9）每件作品答辩时，到场作者不少于（含）2 名，作者陈述（含作品演示）不超过 10 分钟。

4.3.3 物联网应用

包括以下小类：

（1）城市管理。

（2）医药卫生。

（3）运动健身。

（4）数字生活。

（5）行业应用。

（6）物联网专项。

说明：

（1）城市管理小类作品是基于全面感知、互联、融合、智能计算等技术，以服务城市管理为目的，以提升社会经济生活水平为宗旨，形成某一具体应用的完整方案。例如，智慧交通、城市公用设施、市容环境与环境秩序监控、城市应急管理、城市安全防护、智能建筑、文物保护、数字博物馆等。

（2）医药卫生小类作品应以物联网技术为支撑，实现智能化医疗保健和医疗资源的智能化管理，满足医疗健康信息、医疗设备与用品、公共卫生安全的智能化管理与监控等方面的需求。建议但不限于如下方面：医院应用，如移动查房、婴儿防盗、自动取药、智能药瓶等；家庭应用，如远程监控家庭护理，包括婴儿监控、多动症儿童监控、老年人生命体征家庭监控、老年人家庭保健、病人家庭康复监控、医疗健康监测、远程健康保健、智能穿戴监测设备等。

（3）运动健康小类作品应以物联网技术为支撑，以提高运动训练水平和大众健身质量为目的。建议但不限于如下方面：运动数据分析、运动过程跟踪、运动效果监测、运动兴趣培养、运动习惯养成以及职业运动和体育赛事的专用管理训练系统和设备。

（4）数字生活小类作品应以物联网技术为支撑，通过稳定的通信方式实现家庭网络中各类电子产品之间的“互联互通”，以提升生活水平、提高生活便利程度为目的，包括各类消费电子产品、通信产品、信息家电以及智能家居等。鼓励选手设计和创作利用各种传感器解决生活中的问题、满足生活需求的作品。

（5）行业应用小类作品应以物联网技术为支撑，解决某行业领域某一问题或实现某一功能，以提高生产效率、提升产品价值为目的，包括物联网技术在工业、零售、物流、农林、环保以及教育等行业的应用。

（6）物联网专项赛，采用大赛组委会命题方式，赛题（不超过 5 个）将适时在大赛相关网站公布（http://jsjds.hdu.edu.cn/，持续更新中）。

（7）作品必须有可展示的实物系统，需提交实物系统功能演示视频（不超过 10 分钟）与相关设计说明书，现场答辩过程应对作品实物系统进行功能演示。

（8）每校参加省级赛的每小类作品数量，由各省级赛组委会自行规定；每校每小类入围国赛的作品不多于 2 件；每校本大类入围国赛的作品不多于 3 件。

（9）每件作品答辩时，到场作者不少于（含）2 名，作者陈述（含作品演示）不超过 10 分钟。

4.3.4 大数据应用

包括以下小类：

（1）大数据实践赛。

（2）大数据主题赛。

说明：

（1）大数据实践赛作品指利用大数据思维发现社会生活和学科领域的应用需求，利用大数据和相关新技术设计解决方案，实现数据分析、业务智能、辅助决策等应用。要求参赛作品以研究报告的形式呈现成果，报告内容主要包括：数据来源、应用场景、问题描述、系统设计与开发、数据分析与实验、主要结论等。参赛作品应提交的资料包括：研究报告、可运行的程序、必要的实验分析，以及数据集和相关工具软件。

作品涉及的领域包括但不限于：

① 环境与人类发展大数据（气象、环境、资源、农业、人口等）。

② 城市与交通大数据（城市、道路交通、物流等）。

③ 社交与 Web 大数据（舆情、推荐、自然语言处理等）。

④ 金融与商业大数据（金融、电商等）。

⑤ 法律大数据（司法审判、普法宣传等）。

⑥ 生物与医疗大数据。

⑦ 文化与教育大数据（教育、艺术、文化、体育等）。

（2）大数据主题赛采用组委会命题方式，赛题（不超过 5 个）将适时在大赛相关网站公布（https://jsjds.dhu.edu.cn/，持续更新中）。

（3）每校参加省级赛的每小类作品数量，由各省级赛组委会自行规定；每校每小类入围国赛的作品不多于 2 件；每校本大类入围国赛的作品不多于 3 件。

（4）每件作品答辩时，到场作者不少于（含）2 名，作者陈述（含作品演示）不超过 10 分钟。

4.3.5 人工智能应用

包括以下小类：

（1）人工智能实践赛。

（2）人工智能挑战赛。

说明：

（1）人工智能实践赛是针对某一领域的特定问题，提出基于人工智能的方法与思想的解决方案。这类作品，需要有完整的方案设计与代码实现，撰写相关文档，主要内容包括：作品应用场景、设计理念、技术方案、作品源代码、用户手册、作品功能演示视频等。本类作品必须有具体的方案设计与技术实现，现场答辩时，必须对系统功能进行演示。作品涉及的领域，包括但不限于：智能城市与交通（包括汽车无人驾驶）、智能家居与生活、智能医疗与健康、智能农林与环境、智能教育与文化、智能制造与工业互联网、三维建模与虚拟现实、自然语言处理、图像处理与模式识别方法研究、机器学习方法研究。

（2）人工智能挑战赛采用大赛组委会命题方式，赛题（不超过 5 个）将适时在大赛相关网站公布（http://jspaa.cn/aic/，持续更新中）。挑战类项目的国赛将进行现场测试，并以测试效果与答辩成绩综合评定最终排名。

（3）每校参加省级赛的每小类作品数量，由各省级赛组委会自行规定；每校每小类入围国赛的作品不多于 2 件；每校本大类入围国赛的作品不多于 3 件。

（4）每件作品答辩时，到场作者不少于（含）2 名，作者陈述（含作品演示）不超过 10 分钟。

4.3.6 信息可视化设计

包括以下小类：

（1）信息图形设计。

（2）动态信息影像（MG 动画）。

（3）交互信息设计。

（4）数据可视化。

说明：

（1）本大类的参赛作品应以“中华自然科学及其他优秀文化瑰宝（1911 年以前）”为主题进行创作，主题的内容限定与说明，参见 4.2 第 3 点所述。

（2）信息可视化设计侧重用视觉化的方式，归纳和表现信息与数据的内在联系、模式和结构，具体分为信息图形设计、动态信息影像、交互信息设计和数据可视化。

（3）信息图形指信息海报、信息图表、信息插图、信息导视或科普图形。

（4）动态信息影像指以可视化信息呈现为主的动画或影像合成作品。

（5）交互信息设计指基于电子触控媒介、虚拟现实等技术的可交互的可视化作品，如交互图表以及仪表板作品。

（6）数据可视化是指基于编程工具或数据分析工具（含开源软件）等实现的具有数据分析和数据可视化特点的作品。

（7）该类别要求作品具备艺术性、科学性、完整性、流畅性和实用性，而且作者需要对参赛作品信息数据来源的真实性、科学性与可靠性进行说明，并提供源文件。该类别作品需要提供完整的方案设计与技术实现的说明，特别是设计思想与现实意义。数据可视化和交互信息设计作品还需说明作品应用场景、设计理念，提交作品源代码、作品功能演示录屏等。

（8）每校参加省级赛的每小类作品数量，由各省级赛组委会自行规定；每校每小类入围国赛的作品不多于 2 件；每校本大类入围国赛的作品不多于 3 件。

（9）每件作品答辩时，到场作者不少于（含）2 名，作者陈述（含作品演示）不超过 10 分钟。

4.3.7 数媒静态设计

包括以下小类：

（1）平面设计普通组。

（2）环境设计普通组。

（3）产品设计普通组。

（4）平面设计专业组。

（5）环境设计专业组。

（6）产品设计专业组。

说明：

（1）本大类的参赛作品应以“中国古代物理——中华优秀传统文化系列之五”为主题进行创作，主题的内容限定与说明，参见 4.2 第 1 点所述。

（2）平面设计，内容包括服饰、手工艺、手工艺品、海报招贴设计、书籍装帧、包装设计等利用平面视觉传达设计的展示作品。

（3）环境设计，内容包括空间形象设计、建筑设计、室内设计、展示设计、园林景观设计、公共设施小品（景观雕塑、街道设施等）设计等环境艺术设计相关作品。

（4）产品设计，内容包括传统工业和现代科技产品设计，即有关生活、生产、运输、交通、办公、家电、医疗、体育、服饰等工具或生产设备等领域产品设计作品。该小类作品必须提供表达清晰的设计方案，包括产品名称、效果图、细节图、必要的结构图、基本外观尺寸图、产品创新点描述、制作工艺、材质等，如有实物模型更佳。要求体现创新性、可行性、美观性、环保性、完整性、经济性、功能性、人体工学及系统整合。

（5）本大类作品分普通组与专业组进行报名与评比。普通组与专业组的划分，参见 4.2 第 4 点所述。

（6）本类参赛作品的任何一位作者的专业若归属于专业组专业清单，则该作品属于专业组作品。属于专业组的作品只能参加专业组选拔赛，不得参加普通组的竞赛；属于普通组的作品只能参加普通组竞赛，不得参加专业组的竞赛。

（7）每校参加省级赛的每小类作品数量，由各省级赛组委会自行规定；每校每小类入围国赛的作品不多于 2 件；每校本大类入围国赛的作品不多于 3 件。

（8）每件作品答辩时，到场作者不少于（含）2 名，作者陈述（含作品演示）不超过 10 分钟。

4.3.8　数媒动漫与短片

包括以下小类：

（1）微电影普通组。

（2）数字短片普通组。

（3）纪录片普通组。

（4）动画普通组。

（5）新媒体漫画普通组。

（6）微电影专业组。

（7）数字短片专业组。

（8）纪录片专业组。

（9）动画专业组。

（10）新媒体漫画专业组。

说明：

（1）本大类的参赛作品应以“中国古代物理——中华优秀传统文化系列之五”为主题进行创作，主题的内容限定与说明，参见 4.2 第 1 点所述。

（2）微电影作品，应是借助电影拍摄手法创作的视频短片，反映一定故事情节和剧本创作。

（3）数字短片作品，是利用数字化设备拍摄的各类短片。

（4）纪录片作品，是利用数字化设备和纪实的手法，从参赛作者视角拍摄的与主题相关的短片。

（5）动画作品，是利用计算机创作的二维、三维动画，包含动画角色设计、动画场景设计、动画动作设计、动画声音和动画特效等内容。

（6）新媒体漫画作品，是利用数字化设备、传统手绘漫画创作和表现手法，创作的静态、动态和可交互的数字漫画作品。

（7）本大类作品分普通组与专业组进行报名与评比。普通组与专业组的划分，参见 4.2 第 4 点所述。

（8）本类参赛作品的任何一位作者的专业若归属于专业组专业清单，则该作品属于专业组作品。属于专业组的作品只能参加专业组选拔赛，不得参加普通组的竞赛；属于普通组的作品只能参加普通组竞赛，不得参加专业组的竞赛。

（9）每校参加省级赛的每小类作品数量，由各省级赛组委会自行规定；每校每小类入围国赛的作品不多于 2 件；每校本大类入围国赛的作品不多于 3 件。

（10）每件作品答辩时，到场作者不少于（含）2 名，作者陈述（含作品演示）不超过 10 分钟。

4.3.9 数媒游戏与交互设计

包括以下小类：

（1）游戏设计普通组。

（2）交互媒体设计普通组。

（3）虚拟现实 VR 与增强现实 AR 普通组。

（4）游戏设计专业组。

（5）交互媒体设计专业组。

（6）虚拟现实 VR 与增强现实 AR 专业组。

说明：

（1）本大类的参赛作品应以“中国古代物理——中华优秀传统文化系列之五”为主题进行创作，主题的内容限定与说明，参见 4.2 第 1 点所述。

（2）游戏设计作品的内容包括游戏角色设计、场景设计、动作设计、关卡设计、交互设计，是能体现反映主题，具有一定完整度的游戏作品。

（3）交互媒体设计，是利用各种数字交互技术、人机交互技术，借助计算机输入输出设备、语音、图像、体感等各种手段，与作品实现动态交互。作品需体现一定的交互性与互动性，不能仅为静态版式设计。

（4）虚拟现实 VR 与增强现实 AR 作品，是利用 VR、AR、MR、XR、AI 等各种虚拟交互技术创作的围绕主题的作品。作品具有较强的视效沉浸感、用户体验感和作品交互性。

（5）本大类作品分普通组与专业组进行报名与评比。普通组与专业组的划分，参见 4.2 第 4 点所述。

（6）本类参赛作品的任何一位作者的专业若归属于专业组专业清单，则该作品属于专业组作品。属于专业组的作品只能参加专业组选拔赛，不得参加普通组的竞赛；属于普通组的作品只能参加普通组竞赛，不得参加专业组的竞赛。

（7）每校参加省级赛的每小类作品数量，由各省级赛组委会自行规定；每校每小类入围国赛的作品不多于 2 件；每校本大类入围国赛的作品不多于 3 件。

（8）每件作品答辩时，到场作者不少于（含）2 名，作者陈述（含作品演示）不超过 10 分钟。

4.3.10 计算机音乐创作

包括以下小类：

（1）原创音乐类普通组。

（2）原创歌曲类普通组。

（3）视频音乐类普通组。

（4）交互音乐与声音装置类普通组。

（5）音乐混音类普通组。

（6）原创音乐类专业组。

（7）原创歌曲类专业组。

（8）视频音乐类专业组。

（9）交互音乐与声音装置类专业组。

（10）音乐混音类专业组。

说明：

（1）本大类的参赛作品应以“中国古代物理——中华优秀传统文化系列之五”为主题进行创作，主题的内容限定与说明，参见 4.2 第 1 点所述。

（2）原创音乐类：纯音乐类，包含 MIDI 类作品、音频结合 MIDI 类作品。

（3）原创歌曲类：曲、编曲需原创，歌词至少拥有使用权。编曲部分至少有计算机 MIDI 制作或音频制作方式，不允许全录音作品。

（4）视频音乐类：音视频融合多媒体作品或视频配乐作品，视频部分鼓励原创。如非原创，需获得授权使用。音乐部分需原创。

（5）交互音乐与声音装置类：作品必须是以计算机编程为主要技术手段的交互音乐，或交互声音装置。提交文件包括能够反映作品整体艺术形态的、完整的音乐会现场演出或展演视频、工程文件、效果图、设计说明等相关文件。

（6）音乐混音类：根据提供的分轨文件，使用计算机平台及软件混音。

（7）本大类作品分普通组与专业组进行报名与评比。普通组与专业组的划分，参见 4.2 第 5 点所述。

（8）本类参赛作品的任何一位作者的专业若归属于专业组专业清单，则该作品属于专业组作品。属于专业组的作品只能参加专业组竞赛，不得参加普通组竞赛；属于普通组的作品只能参加普通组竞赛，不得参加专业组竞赛。

（9）每校参加省级赛的每小类作品数量，由各省级赛组委会自行规定；每校每小类入围国赛的作品不多于 2 件；每校本大类入围国赛的作品不多于 3 件。

（10）每件作品答辩时，到场作者不少于（含）2 名，作者陈述（含作品演示）不超过 10 分钟。

4.3.11 国际生“汉学”

包括以下小类：

（1）软件应用与开发。

（2）微课与 AI 辅助教学。

（3）物联网应用。

（4）大数据应用。

（5）人工智能应用。

（6）信息可视化设计。

（7）数字媒体类。

（8）计算机音乐创作。

说明：

（1）本大类参赛作品应以汉学为主题进行创作，主题的内容限定与说明，参见 4.2 第 2 点所述。

（2）本大类作品应可用于国际中文教育领域，包括中国国内的来华留学生汉语教学、国际上的汉语作为第二语言教学和海外华人社区中的学龄和学龄前华裔子弟的华文教育。

（3）本大类作品的作者，应有中国高校在籍的本科国际生（即来华留学本科生）。如果参赛作品的所有作者都是中国国籍学生（持中国身份证或港澳台证件的学生属于中国国籍学生），则该作品只能参加第 1 ～ 10 类的竞赛，不得参加本大类；属于本大类的作品，可以参加第 1 ～ 10 类的竞赛，但不得在 4C 赛事内一稿多投。

（4）本大类的软件应用与开发类作品是指运行在计算机（含智能手机）、网络和 / 或数据库系统之上的软件，可在国际中文教育领域提供信息管理、信息服务、移动应用、算法设计等功能或服务。

（5）本大类的微课与 AI 辅助教学类作品包括微课、教学辅助课件和虚拟实验平台，作品说明详见本节的第 2 点（1）（2）（3）。本类作品应遵循科学性和思想性统一、符合认知规律等原则，作品内容应立足于在国际中文教育领域使用的教学材料的相关知识点展开，这些教学材料应由在中国注册的出版机构或其海外分支机构正式出版，作品立场、观点需与教学材料保持一致，可在国际中文教育领域应用。

（6）本大类的物联网应用类作品应以物联网技术为支撑，解决国际中文教育领域某一问题或实现某一功能的作品。该类作品必须有可展示的实物系统，作品提交时需录制实物系统功能演示视频（不超过 10 分钟）及相关设计说明书，现场答辩过程应对作品实物系统进行功能演示。

（7）本大类的大数据应用类作品指利用大数据思维发现国际中文教育领域的应用需求，利用大数据和相关新技术设计解决方案，实现数据分析、业务智能、辅助决策等应用。要求参赛作品以研究报告的形式呈现成果，报告内容主要包括：数据来源、应用场景、问题描述、系统设计与开发、数据分析与实验、主要结论等。参赛作品应提交的资料包括：研究报告、可运行的程序、必要的实验分析，以及数据集和相关工具软件。

（8）本大类的人工智能应用类作品针对国际中文教育领域的特定问题，提出基于人工智能的方法与思想的解决方案，需要有完整的方案设计与代码实现，撰写相关文档，主要内容包括：作品应用场景、设计理念、技术方案、作品源代码、用户手册、作品功能演示视频等。本类作品必须有具体的方案设计与技术实现，现场答辩时，必须对系统功能进行演示。

（9）本大类的信息可视化设计类作品可在国际中文教育领域应用，侧重用视觉化的方式，归纳和表现信息与数据的内在联系、模式和结构，包括以下作品形态：信息图形、动态信息影像（MG 动画）、交互信息设计、数据可视化，作品说明详见本节的第 6 点（3）（4）（5）（6）。该小类要求作品具备艺术性、科学性、完整性、流畅性和实用性，而且作者需要对参赛作品信息数据来源的真实性、科学性与可靠性进行说明，并提供源文件。该类作品需要提供完整的方案设计与技术实现的说明，特别是设计思想与现实意义。数据可视化作品还需说明作品应用场景、设计理念，提交作品源代码、作品功能演示录屏等。

（10）本大类的数字媒体类作品可在国际中文教育领域应用，包括：数媒静态设计类［作品说明详见本节的第 7 点（2）（3）（4）］、数媒动漫与短片类［作品说明详见本节的第 8 点（2）（3）（4）（5）（6）］、数媒游戏与交互设计类［作品说明详见本节的第 9 点（2）（3）（4）］。

（11）本大类的计算机音乐创作类作品可在国际中文教育领域应用，作品说明详见本节的第 10 点（2）（3）（4）（5）（6）。

（12）每校参加省级赛的每小类作品数量，由省级赛组委会自行规定；每校每小类入围国赛的作品不多于 2 件；每校本大类入围国赛的作品不多于 3 件。

（13）每件作品答辩时，到场作者不少于（含）2 名，作者陈述（含作品演示）不超过 10 分钟。

第5章 赛事级别与作品上推方案

5.1 赛事级别

5.1.1 三级赛制

大赛赛事采用三级赛制：

1．校级赛（赛事基层动员与初赛举办，简称“校赛”）。

2．省级赛（为参加国赛推荐参赛作品和作者）。省级赛包括省赛和省级联赛。其中，省赛是省、直辖市或自治区举办的赛事，省级联赛是多个省联合举办的赛事。

3．国家级赛（简称“国赛”）。

5.1.2 省级赛

1．省赛：由不少于两所且有部属院校或不低于省属重点院校参与的同一个省、直辖市或自治区的多校联合选拔赛，经大赛组委会认同可视为省级赛事。没有部属院校或不低于省属重点院校参与的院校联赛，不构成省赛。

2．省级联赛 - 跨省赛：由不少于两个不同省（直辖市、自治区）举办的多省联合选拔赛，可视为跨省的省级联赛，其权益与省赛相同。地域辽阔的地区，宜组织省、自治区级赛，不宜组织跨省联赛。

3．有跨省二级学院的院校可以跨省、跨地区参赛。各院校的二级学院（跨省的除外）不得以独立院校的身份参加国赛。跨省的二级学院可通过二级学院所在省级赛组委会向国赛组委会申请，经国赛组委会审核同意后可在二级学院所在省级赛独立参赛。不跨省的所有二级学校，一律按一所院校参赛。

4．各省级赛，各自组织、独立进行，对其结果负责。

省级赛与国赛无直接从属关系。大赛组委会只对省级赛组委会在业务上进行指导。各省级赛作品获奖名次与该作品在国赛中获奖等级也无必然联系。

5．各省级赛可向大赛组委会申请使用统一的竞赛平台进行竞赛，亦可使用自备的竞赛平台竞赛。

若省级赛（包括省赛和省级联赛）未使用国赛竞赛平台进行比赛，则应通知获得国赛参赛资格的参赛队，及时完成国赛报名和作品提交的全部手续。

5.1.3 国赛

1. 国赛参赛作品的作者，只能是全国高校当年在籍的本科生（含港、澳、台学生，以及来华留学生）。非在籍本科学生或高职高专学生或研究生，均不得以任何形式参加国赛。

无论何时，违者一经发现，即刻取消该作品的参赛资格。若该作品已获奖项，无论何时发现，均取消该作品的获奖资格，并追回所有获奖证书、奖牌及所发一切奖励，并按第9章的相关规定，对参赛作者、指导老师、参赛院校和省级赛组委会进行违规处罚。

2. 各院校的二级学院（跨省的除外）不得以独立学院的身份参加国赛。无论何时，违者一经发现，将取消该院校所有作品的参赛资格。若该院校的相关作品已获奖项，无论何时将取消相关作品及所在院校所有作品的获奖资格，并追回所有获奖证书、奖牌及所发一切奖励。

若参赛院校的跨省二级学院欲独立参赛，则应通过二级学院所在省级赛组委会向大赛组委会申请。不跨省的所有二级学校，一律按一所院校参赛。

3. 大赛国赛按竞赛作品类别，共组合为 5 个决赛区：

（1）上海赛区：大数据应用 / 数媒游戏与交互设计 / 国际生“汉学”。

（2）南京南赛区：微课与 AI 辅助教学 / 数媒静态设计。

（3）济南赛区：软件应用与开发。

（4）杭州赛区：物联网应用 / 信息可视化设计 / 计算机音乐创作。

（5）南京东赛区：人工智能应用 / 数媒动漫与短片。

5.2 省级赛作品上推国赛方案

1. 校级赛、省级赛应积极接受大赛组委会的业务指导，严格按照国赛规程组织竞赛和评比。

按国赛规程组织竞赛和评比的省级赛（包括省赛和省级联赛），可直接推选优秀的参赛作品，进入上推入围国赛的作品名单。

2. 省级赛的评奖比例由省级赛组委会自行确定，建议省级赛一等奖作品数不高于参加省级赛有效作品数的 10%，二等奖不高于 20%，三等奖 30% ～ 40%。

3. 各类省级赛，对合格参赛作品选拔后，可将不超过上推限额的、按作品小类排名在省级赛前 30% 的优秀作品，上推入围国赛。各个省级组委会的上推限额，与该省级赛区上一届的国赛参赛（如获奖、违规）等情况有关。

4. 省级赛上推入围国赛的作品比例与限额，按参赛作品大类和小类分别计算，名额不得互相挪用。其中，大类包括软件应用与开发、微课与 AI 辅助教学、物联网应用、大数据应用、人工智能应用、信息可视化设计、数媒静态设计、数媒动漫与短片、数媒游戏与交互设计、计算机音乐创作与国际生“汉学”。

第 6 章 国赛承办单位与管理

本赛事有关参赛事宜，主要由大赛组委会下设的秘书处、专家委员会、数据与技术保障委员会、纪律与监督委员会等工作部门，以及国赛承办院校共同实施。国赛承办单位主要负责各种场所与食宿安排、参赛师生组织、奖牌证书管理等赛务工作。

6.1 国赛赛务承办的申办

6.1.1 国赛决赛现场承办地点的选定

1. 现场决赛点所在省市相对稳定。

根据目前国赛已成的规模，需多地设定现场决赛点，才能更好地满足院校根据自身作品优势及本校经费等情况的参赛要求。

2. 国赛决赛现场宜设在交通相对便利的城市（比如附近有民用机场、高铁车站等）。

3. 国赛决赛现场的自然条件相对安全（比如非台风多发地域等）。

6.1.2 国赛决赛现场赛务承办院校的确定

为把国赛决赛现场赛务工作做得更好，鼓励凡有条件、愿意承办国赛赛务的院校，积极申请承办国赛赛务。

1. 申办基本条件

（1）学校具有为国赛现场决赛成功举办的奉献精神并提供必要的支持。

（2）学校具有可容纳不少于 1 000 人的会议厅或体育馆。

（3）学校可解决不少于 1 000 人的住宿与餐饮。

（4）学校具有能满足大赛作品评比所需要的计算机软、硬件设备和网络条件。

2. 申办程序

（1）以学校名义正式提交书面申请书（必须盖学校公章）。

（2）书面申请书寄至：100083（邮编），北京海淀区学院路 15 号综合楼 183 信箱，中国大学生计算机大赛组委会秘书处，也可以把盖有学校公章的申请书扫描成电子文件，发到邮箱 ljm@blcu.edu.cn。

（3）等候大赛组委会回复（一般大赛组委会秘书处一周内反馈）。

说明：

（1）申请书上要注明计划承办哪一年哪些比赛大类的赛务工作。

（2）一个国赛决赛承办点，一场决赛原则上只能举办不多于 3 个大类作品的决赛。

（3）一个国赛决赛承办点不可以承办多于两场的决赛。

（4）如有疑问，可以通过以下方式咨询：

邮箱：ljm@blcu.edu.cn.

6.2 国赛决赛前的日程

2025 年（第 18 届）中国大学生计算机设计大赛国赛决赛，将于 2025 年 7 ～ 8 月举行，详见 6.3 节。

1．各院校的校级赛自行安排在 2025 年春季。

2．对于大部分作品类别的竞赛安排，国赛前日程一般如下：

（1）2025 年 3 ～ 5 月中旬，省级赛（包括省赛和省级联赛）陆续举行。

（2）2025 年 5 月 15 日前，省级赛结束，并向大赛组委会提交上推入围国赛的作品清单及相关参赛信息。

（3）2025 年 5 月 30 日前，省级赛公示结束，并完成入围国赛作品报名的全部手续（包括填报在线报名表、作品信息表、作品内容提交、缴纳报名费等）。

（4）2025 年 6 月 15 日前，大赛组委会数据委负责入围国赛作品的资格审查与公示，纪监委负责在入围国赛作品公示期内接受国赛相关的申诉、投诉和违规举报。

（5）2025 年 6 月 30 日前，大赛组委会数据委公布参加国赛的作品清单。

上述日程如有变动，以大赛官网公布的最新信息为准。

6.3 国赛决赛日程、地点与内容

2025 年大赛的国赛作品类别、分管单位、承办单位和时间安排如下：

1．上海赛区（大数据应用 / 数媒游戏与交互设计 / 国际生“汉学”）/（东华大学 / 华东师范大学 / 中国人民大学）/ 承办学校：华东理工大学 /7 月 17 日～ 7 月 21 日。

2．南京南赛区（微课与 AI 辅助教学 / 数媒静态设计）/（南京大学 / 东北大学 / 江苏省计算机学会）/ 承办学校：南京大学 /7 月 22 日～ 7 月 26 日。

3．济南赛区（软件应用与开发）/（山东大学 / 北京语言大学）/ 承办学校：泰山学院 /7 月 27 日～ 7 月 31 日。

4．杭州赛区（物联网应用 / 信息可视化设计 / 计算机音乐创作）/（厦门大学 / 杭州电子科技大学 / 浙江音乐学院）/ 承办学校：浙江理工大学 /8 月 8 日～ 8 月 12 日。

5．南京东赛区（人工智能应用 / 数媒动漫与短片）/（东南大学）/ 承办学校：东北师范大学 /8 月 13 日～ 8 月 17 日。

6.4 国赛决赛后的安排

1．国赛决赛结束后，所有获奖作品将在大赛网站公示。对于有异议的作品，大赛组委会纪律与监督委员会将安排专家进行复审。

2．2025 年 10 月前，由大赛组委会数据委员会正式公布大赛各奖项，在 2025 年 12 月底前结束本届大赛全部赛事活动。

如有变化，以大赛官网公告和各决赛区通知为准。

第 7 章 参赛要求

7.1 参赛对象与主题

1. 参赛对象

（1）大赛国赛仅限于国内高等院校的当年在籍本科生（含港、澳、台学生，以及来华留学生）。

（2）毕业班学生可以参赛，但一旦入围国赛，则应亲自参与决赛答辩，否则将影响作品的最终成绩。

2. 参赛分组

（1）数媒各大类参赛作品参赛时，按普通组与专业组分别进行。界定数媒类作品专业组的专业清单（参考教育部 2023 年发布的《普通高等学校本科专业目录》），具体可参见 4.2 节。

（2）计算机音乐创作类参赛作品参赛时，按普通组与专业组分别进行。界定计算机音乐创作类作品专业组的条件，具体可参见 4.2 节。

除了数媒类与计算机音乐创作类作品分普通组与专业组参赛、评比外，其他类作品的参赛对象，不分专业类别。

3. 参赛作品主题

（1）数媒类与计算机音乐创作类作品的主题：中国古代物理——中华优秀传统文化系列之五。内容仅限于我国历史上（1911 年以前）物理相关成就，包括：

- 中国古代物理成就——弘扬中华优秀自然科学成就。
- 中国古代物理领域杰出科学家——弘扬中华优秀科学家精神。
- 中国古代杰出的物理著作——弘扬中华优秀物理科学专著。
- 中国古代物理文化——弘扬中华优秀自然科学文明和优秀文化传承。

（2）国际生参赛作品的主题：汉学。内容限于中国古代文化（1911 年以前）相关成就，包括：

- 中国古代文化概述——弘扬中华优秀传统文化成就。
- 中国古代文化杰出著作——弘扬中华优秀文化典籍。
- 中国古代文化杰出学者——弘扬中华优秀传统科技文化和精神文化。

- 中国古代文化典故与文化习俗——弘扬传承中华优秀语言文化和民俗文化。

（3）信息可视化设计类作品的主题：中华自然科学及其他优秀文化瑰宝。内容仅限于我国历史上（1911 年以前）相关成就，包括：

- 中国古代自然科学成就——弘扬中华优秀自然科学成就。
- 中国古代自然科学领域杰出科学家——弘扬中华优秀科学家精神。
- 中国古代自然科学著作——弘扬中华优秀自然科学专著。
- 中国古代优秀文化——弘扬中华优秀自然科学文明和优秀文化传承。

7.2 组队、领队、指导教师与参赛要求

1．大赛只接受以学校为单位的组队参赛。

2．每个参赛队可由同一所院校的 2 ～ 5 名本科生组成。

3．每队可以设置不多于 2 名的指导教师。

4．每个学生在每个大类中限报 1 件作品，无论作者排名如何。

5．参赛名额限制。

（1）每个院校完成校级赛后，报名参加省级赛（包括省赛和省级联赛）时，每大类、每小类的作品数量由各个省级赛组委会自行规定。

（2）每校每个大类参加国赛的作品不超过 3 件。每校参加国赛所有大类及其小类的作品数量规定，参见第 4 章。

6．在参加国赛的过程中，参赛学生与指导教师必须实名。实名以有效身份证为依据。

7．指导教师国赛评委回避制。

国赛参赛作品（计算机音乐创作类除外）的指导教师，担任国赛评委时实行国赛决赛区回避制和同校回避制。国赛决赛区回避制是指参赛作品的指导教师，不能担任该作品所在决赛区的评委。同校回避制是指国赛评委不得评审本校的参赛作品。

计算机音乐创作类参赛作品的指导教师，担任国赛评委时采取专业组与普通组回避制和同校回避制。专业组与普通组回避制是指计算机音乐创作类普通组作品的指导教师，不能担任普通组评委，若需要则只能担任专业组评委；专业组作品的指导教师，不能担任专业组评委，若需要则只能担任普通组评委。若一位教师既是普通组作品指导教师，又是专业组作品指导教师，则不能担任计算机音乐创作类的评委。

8．大赛官网公布的应参加国赛答辩环节的作品，需要作者本人参与答辩。

（1）作者答辩不能找人替代。

（2）参赛的每件作品，都必须有 2 名（含）以上的作者亲自参与国赛答辩，而且答辩者必须是参赛作品的主要完成者。

（3）没有作者亲自参与答辩的作品，视为自动放弃参赛资格。

9．决赛期间，各校都必须把参赛队所有成员的安全放在首位。参加国赛时，每校参赛必须由 1 名领队带领。领队原则上由学校指定教师担任，可由指导教师（教练）兼任。

学生不得担任领队一职。

10．每校参赛队的领队必须对本校参赛人员在参赛期间的所有方面负全责。

没有领队的参赛队不得参加国赛。

11. 参赛院校应安排有关职能部门负责参赛作品的组织、纪律监督以及作品内容审核等工作，以保证本校竞赛的规范性和公正性，并由该学校相关部门签发组队参加大赛报名的文件。

12. 学生的参赛费用，应由参赛学生所在学校承担。

学校有关部门要在多方面积极支持大赛工作，对指导教师应在工作量、活动经费等方面给予必要的支持。

13. 参赛学生、指导教师和领队，应尊重大赛组委会、尊重专家和评委，尊重承办单位和其他选手；遵守大赛纪律，竞赛期间不私下接触专家、评委、仲裁员、其他参赛单位和选手，不说情、不请托，不公开发表或传播对大赛产生不利影响的言论，违规者取消参赛资格；同时，对于涉嫌泄密、违规参赛等事宜，应积极接受、协助、配合相关部门的监督检查，并履行举证义务。

14. 投诉和举报时，应有理有据并实名向相应的校级、省级或国家级组委会提交资料（即针对校级赛的投诉应提交给校赛组委会，依此类推）。对于缺乏证据、借投诉名义公开发表或传播对大赛不利的言论者，或向同一级组委会重复投递已被否定的投诉信息的投诉者，将被取消本届的参赛资格及其参赛作品所获奖项（如有），并自负一切法律责任。

7.3 参赛报名与作品提交

1. 通过网上报名和提交参赛作品。

本赛事以三级竞赛形式开展，校级赛—省级赛—国家级赛（简称“国赛”），国赛只接受省级赛上推的参赛作品。

参赛队应在大赛限定期限内，参加省级赛。各个省级赛的报名方式与时间安排等通知，于国赛当年的 3 月起在大赛官网陆续发布。

2. 本届所有类的每一件参赛作品，必须是在本届大赛时间范围内（2024 年 7 月 1 日～ 2025 年 6 月 30 日）完成的原创作品，并体现一定的创新性或实用价值。不在本届大赛时间范围内完成的作品，不得参加本届竞赛。与 2024 年 7 月 1 日之前校外展出或获奖的作品雷同的作者的前期作品，不得重复参赛。

提交作品时，需同时提交该作品的源代码及素材文件。

3. 参赛作品不得在本大赛的 11 个大类间一稿多投。

4. 参赛作品的版权必须属于参赛作者，不得侵权；凡已经转让知识产权或不具有独立知识产权的作品，均不得参加本赛事。

5. 参赛作品的数据应来源合规、信息处理恰当，不得引用涉密数据，不得侵犯个人隐私等。

6. 参赛作品中地图的使用需遵循我国法律法规，尊重国家主权、安全和领土完整。《地图管理条例》第十五条第二款规定：“向社会公开的地图，应当报送有审核权的测绘地理信息行政主管部门审核。但是，景区图、街区图、地铁线路图等内容简单的地图除外。”

参赛作者在作品提交的所有材料中，凡是包含涉及国界、边界、历史疆界、行政区域界线或者范围的地图，必须符合中华人民共和国自然资源部颁布的《公开地图内容表示规范》要求，并在地图出现之处明确注明审图号和地图来源（如中华人民共和国自然资源部网站、国家地理信息公共服务平台、标准地图服务网站)，严禁使用未经过审核、私自篡改、来源不明的地图（景区图、街区图、地铁线路图等内容简单的地图除外)。

7. 参赛作品应遵守国家宪法、法律、法规与社会道德规范。作者对参赛作品必须拥有独立、完整的知识产权，不得侵犯他人知识产权。抄袭、盗用、提供虚假材料或违反宪法、相关法律法规者，一经发现即刻丧失参赛相关权利并自负一切法律责任。

8. 各竞赛类别参赛作品大小、提交文件类型及其他方面的要求，大赛组委会于 2025 年 5 月 15 日前在大赛官网陆续发布，请及时关注。

参赛提交文件要求如有变更，以大赛官网公布信息为准。

9. 在线完成参赛作品报名后，参赛队需要在报名系统内下载由报名系统生成的报名表（参见本章的附件 1)，打印后加盖学校公章或学校教务处章，由全体作者和指导教师签名后，拍照或扫描后上传到报名系统。纸质原件需在参加决赛报到时提交（线下）或出示（线上)，请妥善保管。

10. 在通过校级赛、省级赛获得入围国赛资格后，还应通过国赛竞赛平台完成信息填报和核查工作，截止日期均为 2025 年 5 月 30 日，逾期视为自动放弃参赛资格。

11. 在取得国赛参赛资格后，参赛作品的作者与指导教师的姓名和排序，不得变更。

12. 参加国赛的作品，作者享有署名权、使用权，大赛组委会对作品享有不以营利为目的使用权；作品的其他权利，由作者和大赛组委会共同所有。参加国赛作品可以分别以作品作者或大赛组委会的名义发表，或以作者与大赛组委会的共同名义发表，或由作者或大赛组委会委托第三方发表。

13. 参赛队需要在报名系统内下载由报名系统生成的“著作权授权声明”(参见本章的附件 2)，打印并由全体作者签名后，拍照或扫描后上传到报名系统。纸质原件需在参加决赛报到时提交（线下）或出示（线上)，请妥善保管。

7.4 省级赛报名费与联系方式

7.4.1 报名费缴纳

1. 报名费缴纳范围

参加省级赛（包括省赛和省级联赛）的作品，报名费由省级赛组委会收取，具体请咨询各省级赛组委会（联系方式参见第 1 章的附件 3)，或关注省级赛组委会发布的公告。

2. 报名费缴纳金额

各级各类的省级赛，原则上每件作品报名费均为 100 元。

报名费发票由收取单位开具和发放，具体办法由各省级赛制定。

7.4.2 咨询信息

1. 大赛官网：http://jsjds.blcu.edu.cn/。

2. 大赛报名平台：2025 年 3 月报名工作启动后，将在大赛官网公告。

3. 省级赛和国赛决赛区的咨询联系方式，可参见第 1 章的附件 3。

4. 国赛组委会咨询信箱：jsjds@blcu.edu.cn。有信必复，原则上不接受电话咨询。

7.5 参加国赛须知

1．本届大赛经费由主办、承办、协办和参赛单位共同筹集。

每位参加国赛决赛的成员（包括参赛作品作者、指导教师和领队），均需由参赛院校根据国赛决赛区的要求，交纳赛务费 400 元。赛务费主要用于参赛人员餐费、保险以及其他（如奖牌、证书）等开支。

正常情况下，国赛承办单位负责为参赛师生和评比委员统一安排住宿，费用自理。

根据情况，2025 年大赛各决赛区的全国决赛可采取线下现场赛、线上视频答辩赛、线上线下混合赛等决赛形式。参与线下现场赛的规模，视承办单位的承办能力等情况而定，具体请关注各决赛区的参赛指南和相关通知。

2．国赛决赛区联系方式。

2025 年大赛各决赛区的联系信息，参见表 7-1。

表 7-1　2025 年大赛各决赛区的联系信息

序号	决赛区名称	决赛作品类别	决赛时间	联系人	单位	联系电话	联系邮箱
1	上海赛区	大数据应用 数媒游戏与交互设计 国际生“汉学”	7 月 17 日～7 月 21 日	王志军	东华大学 华东师范大学 中国人民大学	13917413567	dhucsit2021@163.com
2	南京南赛区	微课与教学辅助 数媒静态设计	7 月 22 日～7 月 26 日	张洁	南京大学 东北大学 江苏省计算机学会	17712909982 19904046325	zhangj@nju.edu.cn
3	济南赛区	软件应用与开发	7 月 27 日～7 月 31 日	李炫烨 于东	山东大学 北京语言大学	15689701379 13811102410	Lixuanye@sdu.edu.cn yudong@blcu.edu.cn
4	杭州赛区	物联网应用 信息可视化设计 计算机音乐创作	8 月 8 日～8 月 12 日	张涵翠 陈华宾 张聪 李秋筱	浙江理工大学 厦门大学 杭州电子科技大学 浙江音乐学院	15923230696 18150083385 17816124661 13136185296	zhc@zstu.edu.cn chb@xmu.edu.cn jsjds@hdu.edu.cn
5	南京东赛区	人工智能应用 数媒动漫与短片	8 月 13 日～8 月 17 日	陈伟	东南大学	13815421688	101006591@seu.edu.cn

说明：其他未尽事宜及大赛相关补充说明或公告，将在大赛官网（http://jsjds.blcu.edu.cn/）上及时发布，请关注。

附件 1

2025 年（第 18 届）中国大学生计算机设计大赛
参赛作品报名表式样

<table>
<tr><td colspan="2">作品类别</td><td colspan="5">大类 - 小类</td></tr>
<tr><td colspan="2">作品编号与名称</td><td colspan="5">报名时由报名系统分配 - 作品名称</td></tr>
<tr><td rowspan="9">作者信息</td><td>学校</td><td colspan="5"></td></tr>
<tr><td></td><td>作者一</td><td>作者二</td><td>作者三</td><td>作者四</td><td>作者五</td></tr>
<tr><td>姓名</td><td></td><td></td><td></td><td></td><td></td></tr>
<tr><td>证件类别</td><td></td><td></td><td></td><td></td><td></td></tr>
<tr><td>证件号码</td><td></td><td></td><td></td><td></td><td></td></tr>
<tr><td>专业</td><td></td><td></td><td></td><td></td><td></td></tr>
<tr><td>年级</td><td></td><td></td><td></td><td></td><td></td></tr>
<tr><td>电邮</td><td></td><td></td><td></td><td></td><td></td></tr>
<tr><td>电话</td><td></td><td></td><td></td><td></td><td></td></tr>
<tr><td colspan="2" rowspan="2">指导教师 1</td><td>姓名</td><td></td><td>证件类型与号码</td><td colspan="2"></td></tr>
<tr><td>单位</td><td></td><td>电话</td><td></td><td>信箱</td><td></td></tr>
<tr><td colspan="2" rowspan="2">指导教师 2</td><td>姓名</td><td></td><td>证件类型与号码</td><td colspan="2"></td></tr>
<tr><td>单位</td><td></td><td>电话</td><td></td><td>信箱</td><td></td></tr>
<tr><td colspan="2" rowspan="2">单位联系人</td><td>姓名</td><td></td><td>职务</td><td colspan="2"></td></tr>
<tr><td>电话</td><td></td><td>信箱</td><td colspan="2"></td></tr>
<tr><td colspan="2">共享协议</td><td colspan="5">本参赛作品，作者享有署名权、使用权等知识产权，大赛组委会享有不以营利为目的使用权。作者同意大赛组委会将该作品列入锦集出版发行。</td></tr>
<tr><td colspan="2">开源代码与组件使用情况说明</td><td colspan="5"></td></tr>
<tr><td colspan="2">学校推荐意见</td><td colspan="5">（学校公章或校教务处章） 2025 年 月 日</td></tr>
<tr><td colspan="2">原创声明与参赛承诺</td><td colspan="5">我们声明我们的参赛作品为我们原创构思和使用正版软件制作，我们对参赛作品拥有独立、完整、合法的著作权和其他相关之权利，绝无违反宪法与相关法律法规，或侵害他人著作权、商标权、专利权等知识产权与其他合法权益的情况。若因此导致法律纠纷和违规处罚，一切责任由我们自行承担。
我们承诺尊重大赛组委会，尊重专家和评委，尊重承办单位和其他选手；遵守大赛纪律，竞赛期间不私下接触专家、评委、仲裁员、其他参赛单位和选手，不说情、不请托，不公开发表或传播对大赛产生不利影响的言论；对于涉嫌泄密、违规参赛等事宜，愿接受、协助、配合相关部门的监督检查，并履行举证义务。如若违反上述承诺，我们自愿承担相关责任。
作者签名：1. ________ 2. ________ 3. ________ 4. ________ 5. ________
指导教师签名：1. ________ 2. ________</td></tr>
</table>

附件2

著作权授权声明

《　　　　　　　　　　》为本人在“2025年（第18届）中国大学生计算机设计大赛”的参赛作品，本人对其拥有完全的和独立的知识产权，本人同意中国大学生计算机设计大赛组委会将上述作品及本人撰写的相关说明文字收录到中国大学生计算机设计大赛组委会编写的《2026年（第19届）中国大学生计算机设计大赛参赛指南》（暂定名）和其他相关作品中，以纸介质出版物、电子出版物或网络出版物的形式予以出版发行，且中国大学生计算机设计大赛组委会无须向本人支付任何费用。

授权人（全体作者）签名：________

2025年　月　日

第 8 章 奖项设置

中国大学生计算机设计大赛，以三级竞赛形式开展，校级赛——省级赛——国家级赛。校级赛、省级赛（包括省赛和省级联赛）可自行、独立组织。要求校级赛上推省级赛的比例不高于参加校级赛有效作品数的 50%；省级赛作品上推国赛采取限额制，上推数量不超过本届本省级赛的上推限额，且上推比例不高于参加省级赛有效作品数的 30%。

1. 省级赛奖项

省级赛的奖项由省级赛组委会自行设置。建议省级赛一等奖作品数不高于参加省级赛有效作品数的 10%，二等奖不高于 20%，三等奖 30% ～ 40%。

2. 国赛奖项

2025 年（第 18 届）中国大学生计算机设计大赛的国赛，只设作品奖项。

（1）国赛作品奖项设置

国赛作品奖项的总数为 3 550 项。其中，软件应用与开发类 625 项、微课与 AI 辅助教学类 535 项、物联网应用类 350 项、大数据应用类 225 项、人工智能应用类 430 项、信息可视化设计类 325 项、数媒静态设计类 335 项、数媒动漫与短片类 320 项、数媒游戏与交互设计类 230 项、计算机音乐创作类 105 项，国际生“汉学”类 70 项。

大赛组委会可根据实际参加国赛的作品数量与质量，适量微调各大类奖项名额。

（2）获奖证书与奖牌

① 获奖证书。获得国赛一、二、三等奖的获奖作品，均给每位作者和指导教师颁发获奖证书。

② 奖牌。获得国赛一、二等奖的作品，均给获奖单位颁发奖牌一块。针对获得国赛三等奖的院校，若在参赛的决赛区本届没有获得一、二等奖（即还没有获得奖牌），则给获奖单位颁发一块奖牌，无论其有多少个三等奖；若已经在本决赛区获得了奖牌（即有获得一、二等奖的作品），则不给三等奖颁发奖牌。

第 9 章 违规作品处理

2025 年（第 18 届）中国大学生计算机设计大赛的国赛参赛对象是全国高等院校当年在籍的本科生（含港、澳、台学生，以及来华留学生）。为了使参赛者共享公平、公正、公开的竞赛环境，根据《国家教育考试违规处理办法》（中华人民共和国教育部令第 33 号）和《普通高等学校学生管理规定》（中华人民共和国教育部令第 41 号）相关规定的精神，特制定对参赛的违规作品认定，对违规作品的作者、指导教师、参赛院校及省级赛组委会的处理意见。

9.1 违规作品的认定

1．大赛恪守诚信，杜绝不端行为，以利于吸引更多以诚信为本的师生参赛，进一步激发广大师生的参赛热情。

（1）参赛作品应遵守国家法律法规与社会道德规范（包括但不限于关于地图的合法使用）。作者对参赛作品必须拥有独立、完整的知识产权，不得侵犯他人知识产权，不得抄袭、盗用、提供虚假材料，或违反宪法及相关的法律法规。

对涉嫌抄袭、盗用、他人代做、重复参赛（即于 2024 年 7 月 1 日前校外展出或与获奖作品雷同的参赛作品）、一稿多投（即在本赛事的不同类别间多次报名参赛）等情况的参赛作品，一经查证核实，即认定为违规作品。

（2）参赛作品是否违规，原则上由大赛组委会纪监委（或大赛决赛现场指挥小组）裁定。

任何个人或单位（包括大赛参赛师生、评委、其他人员或任何单位）均可提供作品违规线索，实名提出异议（包括申诉、投诉和举报）；纪监委（或大赛决赛现场指挥小组）受理异议，并依据异议线索进行核查，判断作品是否违规；认定结果通知被异议的个人或参赛单位，并对确属违规的作品提出处理意见，报大赛组委会核准。

但仅针对奖项等级的申诉，一律不受理。

（3）作品违规的认定，既包括国赛现场决赛期间，也包括入围国赛作品公示期间、获奖作品公示期间，以及获奖后不设时限的举报认定等多个时间段。

2．异议形式。大赛仅受理实名提出的异议，匿名提出的异议无效。提出异议的唯一途径是国赛竞赛平台（https://2025.jsjds.com.cn）提供的“申诉举报入口”链接。而且针对申诉和投诉，仅接受在规定时间内提交的；举报可随时提交。

（1）个人提出的异议，须写明本人的真实姓名、所在单位、通信地址、联系手机号码、电子邮件地址等，并需提交身份证复印件和具有本人亲笔签名的异议书。

（2）单位提出的异议，须写明联系人的真实姓名、通信地址、联系手机号码、电子邮件地址等，并需提交加盖本单位公章和负责人亲笔签名的异议书。

（3）与异议有关的学校的相关部门，要积极配合大赛组委会纪监委对异议作品进行调查、审定、处理。纪监委在公示期或公示期结束后的适当时间（如每年的 9 月下旬）向提出异议的个人或单位统一答复处理结果。

（4）大赛组委会对提出异议的个人信息或单位信息给予保密。

9.2 违规作品的处理

大赛组委会对已认定的违规作品，给予以下第 1 条和第 2 条的违规处理，并视违规情节给予以下第 3~4 条的违规处理。

1．取消参赛资格，没有获得任何奖项的资格。

针对已经获得奖项的违规作品，立即取消其获奖资格，追回获奖证书、奖牌（若有）及其相应所得的一切。

2．核减违规作品所在省级赛组委会下一届上推国赛的作品数量。

3．在大赛官网公布违规作品的作品编号、作品名称、作者姓名、指导教师姓名、学校名称及省级赛组委会名称等信息。

4．将违规作品的作品编号、作品名称、作者姓名、指导教师姓名等信息，通知违规作品所在省级赛组委会以及学校的教务处。

9.3 违规作品作者的处理

大赛组委会对已认定为违规作品的参赛作者，给予以下处理：

1．追回违规作品作者已参赛场次获奖作品的获奖证书及相关所得，并取消其参加本届赛事的资格。

2．禁止违规作品作者在本科期间参加本赛事的活动。

同时，违规作品作者自行承担可能出现的一切法律责任。

9.4 违规作品指导教师的处理

大赛组委会对已认定为违规作品的指导教师，给予以下处理：

1．追回违规作品指导教师在本届赛事内已获奖作品的获奖证书及相关所得。

2．取消违规作品指导教师作为本赛事评委的资格。

同时，违规作品指导教师自行承担可能出现的一切法律责任。

第 10 章 作品评比与评比委员规范

10.1 评比形式

10.1.1 参加国赛的形式

1. 本赛事分为三个阶段：一是校级赛，二是省级赛（即省赛和省级联赛），三是国家级赛（简称“国赛”）。

根据情况，2025 年大赛各决赛区的全国决赛可采取线下现场赛、线上视频答辩赛、线上线下混合赛等决赛形式。具体请关注各决赛区的参赛指南和相关通知。

2. 每件参赛作品的作者，原则上应全部参加答辩。每一件作品，必须是 2 名（含）以上的作者参加答辩，不能找人替代。

10.1.2 省级赛推荐入围国赛名单的确定

各省级赛组委会按上推国赛方案（参见 5.2 节）推荐入围国赛的作品清单，一般可直接进入入围国赛作品网上公示环节。

但经核查不符合参赛条件（包括不按参赛要求进行报名和提交材料、超出学校报名限额、因违规处罚取消参赛资格等）的作品，不能进入国赛。

10.1.3 入围国赛作品的资格审核

对于经省级赛上推入围国赛的作品，大赛组委会进行以下工作：

（1）形式检查：数据委员会负责对报名表格、材料、作品等进行形式检查。针对需要补全或修正的情况，比如有缺失信息的参赛作品、超出学校报名限额的院校及其参赛作品等，提醒院校联系人和参赛队在规定时间内完善和修正；对因违规处罚取消参赛资格的作品，进行备注说明并取消其国赛参赛资格。

（2）上网公示：大赛官网上公示入围国赛的作品信息并接受异议（含申诉、投诉、举报等）信息。异议形式与要求，可参见 2.5 节。

（3）专家审核：大赛组委会纪律与监督委员会对公示期有异议的作品进行审核与分类处理。

（4）入围国赛作品公布与通知：公示结束后确定入围国赛的作品清单，数据委员会负责在大赛官网上公布，并通知参赛院校。

10.1.4 国赛评比

2025 年大赛各决赛区的全国决赛，可根据情况采取线下现场赛、线上视频答辩赛、线上线下混合答辩赛等决赛形式。

1．入围国赛的参赛队，须根据大赛通知中参赛作品类别与国赛决赛区的对应关系，按时加入相应决赛区的网络联系群，关注该决赛区的参赛指南和相关通知。

2．参赛作者的作品展示与答辩

一般情况下，决赛的作品展示及说明时间不超过 10 分钟，答辩时间不超过 10 分钟；在答辩时需要向评比委员组说明作品创意与设计方案、作品实现技术、作品特色等内容；同时，需要回答评比委员（下面简称评委）的现场提问，评委综合各方面因素，确定作品答辩成绩。

不同类别的作品展示与答辩方案可有所不同。

进入国赛的每件作品，需有 2 名（含）以上的作者按时参加答辩。若没有按规定参加答辩，则视为自动放弃参赛资格，没有获奖资格。

3．决赛复审

作品答辩成绩分类排名后，根据大赛奖项设置名额比例，初步确定各作品奖项的等级。其中各类别一等奖的候选作品，还需经过各评比委员组组长参加的复审会后，才能确定其最终所获奖项级别。必要时，可通知参赛学生参加复审的答辩或说明。

10.1.5 获奖作品公示

对国赛获奖作品在大赛官网上进行公示，以接受社会监督。

对涉嫌有侵权、抄袭、重复参赛等违规行为的获奖作品，本赛事不设时效限制接受实名举报，何时发现，何时处理。具体的处理办法，参见第 9 章。

10.2 评比规则

大赛评比的原则是公开、公平、公正。

10.2.1 评奖办法

1．大赛组委会以大赛专家库为基础，聘请专家组成本届赛事的评委工作组，然后按照比赛内容分小组进行评审。各个评审组将按相应作品类别的评审标准，从合格的报名作品中评选出相应奖项的获奖作品。

2．大赛国赛采取评委的国赛决赛区回避制和同校回避制（计算机音乐创作类除外），即参赛作品的指导教师不能担任该作品所在决赛区的评委，评委不得评审同校的参赛作品，具体可参见 7.2 节的“7．指导教师国赛评委回避制”。

3．由大赛组委会专家委员会组织评比出的国赛奖项，经上报大赛组委会审批通过后才生效。未生效的评比结果，任何人不得以任何形式对外公布。

4．对违反参赛作品评比和评奖工作规定的评奖结果，无论何时，一经发现，大赛组委会不予承认。

10.2.2 作品评审办法与评审原则

因大赛所设类别涉及面较广，不同类别可采用不同的评审方案。请参赛队关注大赛官网，了解相关类别参赛作品的具体评审办法。

各省级赛的评审办法，由各省级赛组委会参考国赛规程自行确定，但原则上不得与国赛竞赛评比规程相矛盾。

对于没有单独确定评审办法的类别，一般采用本节所述评审方法。

考虑到不同评委的评分基准存在差异、同类作品不同评审组间的横向比较等因素，参赛作品的通用评审办法可分为两种。

1. 推荐评审法，常用于初评阶段。

（1）每个评审组的评委（一般为 3 名），依据评审原则与标准分别对该组作品评审，给出作品的评价值（分别为：强烈推荐、推荐、不推荐），不同评价值对应不同得分，建议：强烈推荐，计 2 分；推荐，计 1 分；不推荐，计 0 分。

（2）合计各个评委的评价值，一般根据其分值从高到低排序，然后按一定比例推荐进入决赛或复评。以 3 个评委的推荐评审为例，通常的处理分为以下 3 步：

① 如果该件作品的分值不低于 3 分（含 3 分），则进入复评。

② 如果该件作品的分值为 2 分，则由本阶段的复审专家组复审该作品，确定该作品是否进入复评。

③ 如果该件作品的分值为 1 分，则由大赛组委会根据已经确定能够入围复评的作品数量来决定是否安排复审。如果不安排复审，则该作品在本阶段被淘汰，不能进入下一阶段。如果安排复审，则由本阶段的复审专家组复审该作品，确定该作品是否进入复评。

2. 排序评审法，常用于具有答辩环节的复评或决赛阶段。

（1）每个评审组的评委（一般为 3~5 名），依据评审原则与标准分别对该组作品打分，然后从优到劣排序，每个评委的序值从小到大（1,2,3,…）且唯一、连续（评委序值）。

（2）每组全部作品的全部评委序值分别累计，从小到大排序，评委序值累计相等的作品由评审组的全部评委核定其顺序，最后得出该组全部作品的唯一、连续序值（小组序值）。

① 如果某类全部作品在同一组内进行答辩评审，则该组作品按奖项比例、按作品小组序值拟定各作品的奖项等级，并上报给复审专家组核定。

② 如果某类作品分布在多个组内进行答辩评审，由各组将作品的小组序值上报给复审专家组，由复审专家组按序选取各组作品进行横向比较，核定各作品奖项的初步等级。

③ 在复审专家组核定各作品等级的过程中，可能会要求作者再次进行演示和答辩。

（3）复审专家组核定各作品等级后，上报大赛组委会批准。

3. 作品评审原则

（1）评委根据各个作品类别的评审标准评审作品。

（2）作品的主题、内容符合要求，报名信息和文档必须完整规范。

（3）决赛答辩阶段，作品介绍明确清晰、演示流畅不出错、答辩正确简要、不超时。

10.3 评比委员组

公开、公平、公正（简称“三公”）是任何一场竞赛取信于参与者、取信于社会的生命线。评比委员是“三公”的实施者，是公权力的代表，在赛事评审中应该体现出应有的风范和权威。拥有一支合格的评审团队是任何一个赛事成功的基本保证。

10.3.1 评比委员条件

1．具有秉公办事的人格品质，不徇私枉法。

2．具有评审所需要的专业知识。

3．来自学校（含在职单位、正常调离单位、退休单位等）需要满足下述条件中的任意一个：

（1）不低于省属重点大学。

（2）有不少于两个博士点的大学。

（3）公办的艺术类院校。

4．本人职称，原则上要求副教授（或相当于副教授）及以上。

5．来自企事业单位的，原则上要求是具有高级职称的技术专家。

6．若担任参赛作品的指导老师，则本人历史上指导的参赛作品中无违规作品。

10.3.2 评比委员组

1．评比委员组初评阶段由不少于 3 名评比委员组成，其中一名为组长。

国赛决赛答辩阶段的评审组，一般由 3~5 名评比委员组成，设组长 1 名，副组长 1 名。

2．评比委员组宜由不同年龄段、不同地区、不同专长方向的专家组成。

一般来说，年长的教师比较适合更好地把握作品总体方向、结构、思路，以及是否符合社会需求。中年教师比较适合更好地把握作品紧跟产业发展需求，注重作品的原创性，关注作品是否是已有科研课题、项目的移用。青年教师比较适合更好地把握技术应用的先进性。

3．一个评比委员组中，来自高校的、不低于副教授职称的专家比例，原则上不低于 60%。

4．国赛决赛评比委员组组长、副组长，原则上由具有评审经验的教授（或相当于教授）职称的专家担任，也可由具有评审经验的省属重点及以上院校的副教授（或相当于副教授）职称的专家担任。

5．国赛决赛评比委员，由大赛组委会专家委员会推荐，各个国赛决赛区组委会聘请，大赛组委会审核与聘任。

10.3.3 评比委员聘请

评比委员的聘请程序：

1．评比委员原则上由大赛组委会专家委员会组织、遴选，然后向大赛的各个国赛决赛区组委会推荐。

2．具备条件的教师本人向大赛组委会专家委员会提出申请，或经其他专家推荐机构（如大赛组委会秘书处、纪监委等）向大赛组委会专家委员会推荐。

3．大赛的各个国赛决赛区组委会聘请。

4．大赛组委会专家委员会审核批准，报由大赛组委会颁发评比委员聘书。

说明：

（1）一年中多次参与国赛决赛的评比委员，只颁发一次聘书。

（2）省级赛、校级赛的评审组，可参照国赛评比委员组的组成，由各级赛的组委会自行组织与管理。

10.4 评比委员规范

评比委员必须做到以下 12 条：

1．坦荡无私，用好评审权，公平、公正地对待每一件参赛作品。既不为某个作品的评分进行游说，也不受人之托徇私舞弊。

2．全程参加评比相关的各项活动，包括评比岗前评委培训会议、现场（或线上）作品评比，获奖作品展示、点评，直到颁奖暨闭幕式（若有）结束。

3．注重个人整体形象。在现场决赛时：进入决赛现场必须佩戴评委证，出席评审现场、开幕式、作品展示点评研讨、颁奖暨闭幕式等评比活动时，需着大赛统一服装出席；在线上决赛时：进入线上答辩视频会议室必须使用大赛承办单位制作的虚拟背景（若可以设置）、答辩期间全程出镜。

4．准时到达答辩现场（现场答辩时）或进入答辩视频会议室（线上答辩时），不迟到不早退，中途不无故离场。现场或线上评比期间，不打瞌睡，不吸烟，不接听手机，不做与评比无关的事。

5．认真参加评比，认真听取作者的介绍和回答。按照大赛竞赛要求，严格掌握评审标准，以作者及参赛作品的实际水平作为评分的唯一依据，独立评审，不打关系分、感情分，必须公平、公正对待作者的每一件作品。

6．尊重每一所参赛院校，一视同仁对待各级各类院校。

7．尊重每一位参赛作者、每一位参赛指导教师及其他评比委员。作品答辩期间，规范言行，避免影响作者的答辩或其他评比委员的评审。本着关爱作者的态度，对作者要以肯定、鼓励为主。对作者提问的主要目的是进一步了解作品情况，问题要明确清晰，不要过于武断或无根据猜测，对作者或作品不得指责，不得与作者产生争执或冲突。不得以任何方式讥讽、嘲笑、戏弄、挖苦作者，不得当场点评参赛作者个人的优缺点及能力，不得议论指导教师水平。

8．充分尊重参赛作者应有的权益，不得随意缩减参赛作者答辩时间。

9．各评审组组长和副组长有义务保证竞赛评审的顺利开展，把握评审质量，并参与评审过程的监督，及时发现和纠正评审中出现的不规范问题。

10．比赛期间，应回避与参赛作者、指导教师、带队教师，以及参赛作者家长与亲朋好友的私下交往，不准接受参赛院校及个人任何形式的宴请和馈赠。

11．在作品展示研讨阶段的现场或线上点评，要客观、正面、专业，不夸大，不跑题，评价准确，语言精练。

12．未经大赛组委会授权，不得擅自透露、发布与评审过程及结果有关的信息。

10.5 评比委员违规处理

对违规评比委员，视情节分别作相应的处理。

1．及时提醒警示。

2．解除对其本届评比委员的聘任，并且在后续赛事中不再聘请。

3．其他有助于评比委员规范操作的处理措施。

第 11 章 特色作品研讨

11.1 研讨平台的意义

国赛的主要作用有两个：一是评出参赛作品奖项的等级，二是特色作品的研讨。

特色作品的研讨，为参赛师生（包括评比委员）之间互相交流、互相学习、取长补短以提高个人素养与计算机技术应用技能，提供了很好的平台，对参赛师生日后创新思想与技能的启发、提高、升华，有着重要的意义。

参加竞赛，争取好的奖项只是一方面，而更重要的是学习，是在参赛过程中提高自己的能力。

11.2 研讨作品的选定与组织

1．研讨作品由作品评比委员组推荐，具有总体水平高、有特色，或者有着某种典型意义的作品。研讨作品可以是一等奖的，也可以是二等奖或三等奖的作品。研讨作品一定有值得点评的方面，有值得借鉴与探讨的地方。

2．作品的点评研讨活动，一般安排在赛期的第三天下午（14:30 ～ 17:30）或第四天上午（8:30 ～ 11:30）。

3．作品的点评研讨活动可按作品类别进行，一般一个作品研讨场所研讨 6 ～ 8 个作品，平均一个作品研讨 25 分钟。

4．作品研讨场所由决赛承办院校（有线下答辩时）或大赛会议的承办单位（线上答辩时）提供，研讨活动由大赛的各个国赛决赛区组委会负责组织。

11.3 研讨的主要内容

1．作品作者与指导教师对作品的展示与创作介绍。

2．研讨会参与师生对作品的评价、质疑与探讨。

3．评比委员的点评与总结。

11.4 研讨活动的参与对象

1. 作品作者与指导教师。
2. 参赛师生。
3. 观摩者。
4. 评比委员。
5. 研讨活动主持人。

第 12 章 2024 年获奖概况与获奖作品选登

12.1 2024年（第17届）大赛一、二等奖作品列表（节选）

12.1.1 2024 年中国大学计算机设计大赛大数据应用一等奖

序号	作品编号	作 品 名 称	参赛学校	作 者	指导教师
1	2024001876	智学云析——在线教育综合大数据分析	武汉理工大学	凤梓贤，杨川，武欣慧，宋俊康，郑功名	石兵
2	2024038500	好好吃饭——基于多模态大模型的 AI 营养师	北京邮电大学	杨婧涵，付温馨，林菁，林诗怡	徐振博
3	2024043290	CityGuard 珞家	武汉大学	李辰玥，陈秋宇，鲁志杰，潘思甜，万冠呈	叶茫
4	2024045528	“绿色田野之歌”：数据解读乡村振兴背景下中国农业高质量发展	郑州大学	张嘉琦，乔云卓，沈鸿源	宋轩
5	2024067769	以应用程序为中心的云负载在线智能监控与预测系统	同济大学	何诗锟，林怡冰，康力	丁志军
6	2024067987	基于 RBLL 模型的智能投顾与决策支持系统	上海对外经贸大学	张睿健，毛子怡，张帆	钱之琳，董云朝
7	2024067993	“智行数据游”——旅游大模型推荐系统	西南交通大学	冯援，余伟杰，刘子昂，黄荆阳，王欣奕	李华，杨柳
8	2024068160	数读农村空心化——以河南省 83 县为例	上海对外经贸大学	肖懿，吴双，张家瑞	顾振宇，戴永辉

12.1.2 2024 年中国大学计算机设计大赛大数据应用二等奖

序号	作品编号	作 品 名 称	参赛学校	作 者	指导教师
1	2024000396	航迹未来——船舶轨迹异常检测与预测系统	大连海事大学	燕立昂，袁书恒，邓慧英，刘瀚方，袁玮廷	马宝山，陈玉珍
2	2024000710	科技领航乡振新程——数据解读科技赋能乡村现代化之旅	河北大学	李雪飞，李坤泽，孙骖钰	王苗，谷晓洁

续表

序号	作品编号	作 品 名 称	参赛学校	作　　者	指导教师
3	2024001120	绿水青山，富裕乡关	常州工学院	杨熙承，王雨欣，徐彬斌，唐胡煜，任俊濠	蒋巍，胡智喜
4	2024002644	基于 CNN-GRU 的轻量级睡眠分期与质量评估系统	华南师范大学	李勉鑫，潘烨，黄申，彭立川，方文恒	潘家辉，蔡妍
5	2024002678	基于机器学习算法优化分析脂质代谢相关的溃疡性结肠炎及其致癌转化效应	广东医科大学	黄谭璇，何溢栋，林姗姗，李烊，蔡晴	周珂，罗连响
6	2024003209	数绘新篇，智慧兴农：数据解读乡村振兴影响路径	武汉理工大学	丰云，张雅婷，袁共强，李江，赵阳	彭德巍，周俊伟
7	2024004160	基于 Transformer 和自适应感受野网络的集群 DGA 检测管理系统	滁州学院	唐继昇，陈世军，管依玲，刘彤，王志慧	赵生慧，黄佳维
8	2024004897	智汇语研——基于大数据分析的语言文字智能科研平台	华中师范大学	吕洵，苏芃子旸，刘恺卿，吴宇贤，叶晓芸	罗昌银，涂新辉
9	2024005225	基于集成学习与时空特征的网络安全监测系统	新疆大学	黄攀，石昌辉，梁健，高钰凯，张家岽	郑炅，范鑫
10	2024007056	在线教育综合大数据分析系统	金陵科技学院	高云峰，邢南，毕文洋，韩宇，谢铮皓	谢维奇，谷瑞军
11	2024007392	“文曲”在线教育大数据分析平台	怀化学院	武宇森，王永祺，罗凯钰，阳俊毅，邓建杰	高艳霞，彭玲
12	2024008279	独“数”一帜——基于大数据的超临界电站换热器三维壁温在线监测技术	南京师范大学	丁玎，王守慧，张策，耿子涵，柏芸	祁晶
13	2024009339	基于 BERTopic 模型解读乡村医疗发展	南京中医药大学	凌新春，李君妍，林蓉，田玉彤，姚星	钱爱兵，蔡君
14	2024009441	JustLaw：AI 驱动全方位法律智能一体化平台	安徽农业大学	吴海涛，文思鉴，姚晶晶	王永梅
15	2024009713	基于传染病模型的网民情感演化分析及舆情管控系统	江苏海洋大学	张丽玲，曹璐，周之尧，蒋岚，杨钰颖	仲兆满，管燕
16	2024009899	基于图神经网络集成语义的城市光污染识别与评价系统	中国地质大学（北京）	刘昌健，苏辉，昌格	公书慧
17	2024011579	“行车护卫”——基于深度学习和大数据分析技术的非机动车安全监管系统	华北水利水电大学	荆鹏，崔浩天，孙莹莹，赵鑫鑫，刘恩亳	冯岭，方子彬
18	2024012484	远洋船舶智能识别监管系统	江苏海洋大学	胡根生，郭萱，庄丞巍，郭子阳，刘磊	李明，张恒

续表

序号	作品编号	作 品 名 称	参赛学校	作　　者	指导教师
19	2024013404	“稻”梦空间——基于江苏传统地方文献的稻作知识服务系统	南京农业大学	余林萱，常佳雯，蒋未云，李佳琪，闫露杰	包平，李惠
20	2024015112	数据中的乡村变化	南京大学	陈诺，李元欣	余萍，陶烨
21	2024017699	肺途探针——肺栓塞病灶精准定位与分割系统	杭州电子科技大学	朱晟豪，刘畅，王雨荷，常铄，陈一飞	秦飞巍，樊谨
22	2024018093	VrsNet——基于深度学习的森林 UAV 图像密度检测模型与实地下游应用	南京林业大学	罗泰格，高威，谢钧如，宋青阳，陈振宁	徐姗姗
23	2024018228	多智能体强化学习的社交网络多媒体舆情传播控制系统	南京信息工程大学	杨毅，龚智恒，胡正昊，吴悦	杨博
24	2024019582	智慧学堂洞察	广州新华学院	陈思杭，黄鸿麟，韦志森，黄越，曾董辉	胥立军，梁展图
25	2024020233	大数据视角下城市交通空间空气污染影响因素与动态预测研究	苏州大学	姜於能，王涑毓，杨爽	张正超
26	2024020285	汇影镜像大数据应用平台	重庆理工大学	李权，姜欢，谭明乐，朱馨怡，张进	曹琼，黄贤英
27	2024023268	触手可及——基于 VisTouch 数据集的跨模态信息恢复与重建	南京邮电大学	张昊月，粟鑫，潘睿诚，刘子俊，张凯翔	李昂
28	2024023285	乡村数字化：新时代振兴引擎——基于 DEA 的乡村振兴规划研究	南京信息工程大学	姚婧，沈夏冰雪，侯沐恩，王冉，姜奕蕊	侯磊，熊萍萍
29	2024026721	政策大数据平台的建设与应用	杭州师范大学	毛祉轩，娄轩，李锴凡，冯雨暄	徐舒畅，丁丹丹
30	2024026794	智报未来——基于大数据预测的高考志愿填报一体化平台	贵州师范大学	李宇豪，张禄宇，杨子怡，孔留克，卢首晟	卢元东
31	2024027432	基于分布式集群的 3D 智慧能源管理平台	海南科技职业大学	董春阳，王鹤	文欣远，林道勇
32	2024030140	安探智眸——基于信创环境的分布式智能安全态势感知系统	海南大学	黄嘉怡，袁一戈，张子龙，李伟，黄菊	符发，谢夏
33	2024030289	智探交通——改进 YOLOv8 与 TABTrack 的车辆行人多目标检测与实时跟踪守护者	长春理工大学	游鸿儒，董阳萱，邱前，王晚秋，孔欣怡	王玲
34	2024030388	基于农机轨迹大数据的农村专题路网构建方法的研究	中国农业大学	倪梓翔，王俊博，凌润豪，黄思睿，石镔钦	马钦
35	2024031088	莱德医疗——基于大语言模型的糖脂代谢病体检报告分析及诊断问答系统	广东药科大学	容世强，宋梓熙，胡煜帆，莫金宗，徐梓炫	杨进，易法令

续表

序号	作品编号	作 品 名 称	参赛学校	作 者	指导教师
36	2024031760	基于 DCU 的单脉冲搜索软件移植与优化	贵州师范大学	杨羽佳，宋浩然，孙宇	陈彦，于徐红
37	2024032009	基于 Spark 的城市公交客流 OD 分析	长江师范学院	陈俊宇，胡洋，俞宏凯，何悟博，陈熹	范会联，罗跃国
38	2024032503	活性氧清除酶的精准预测系统	吉林大学	石展鹏，张恒祎，胡锐杰	车浩源，朱冠
39	2024035294	基于 YOLOv5 的茶园害虫识别系统	中南民族大学	陈文茜，李雨寒，孙梦，李泓锦，张周瑞	舒振宇，田晓梅
40	2024037794	信法通途——基于 RAG 检索增强的法律大模型	对外经济贸易大学	庞天孟，郭谨闻，顾听雨，张湘怡	李兵
41	2024039188	星移斗转——卫星轨道模拟分析平台	内蒙古大学	李逸冉，唐麟沙，程明昊	贾冰
42	2024039910	基于机器学习下的乡村演变规律和因果探究	重庆邮电大学	何诗雨，李俊莲，苏卓萱	刘彬
43	2024044086	乡村丧葬与生态文明建设——中国农村丧葬习俗的可持续发展路径	湖南师范大学	彭俊希，王星，岳于佳，刘芳园，刘畅	邓月明，郭志军
44	2024050531	开源情报大数据中台	中国人民解放军空军预警学院	谭豪，娄本豪，杜昊轩，刘卓勋	彭晓明，涂文婕
45	2024052685	MedSec——基于深度学习的医保欺诈大数据检测与态势评估系统	郑州大学	程宝玮，李俊豪，刘峰，何文浩，孙蔓淇	谢李鹏
46	2024057085	慧充守卫——基于 ConvFormer 模型的智能化充电监控系统	湘潭大学	刘思科，阳如成，曹斯盛，付琪琪	王求真
47	2024058199	基于中部六省面板数据的数字乡村建设水平对城乡收入差距影响研究	天津财经大学	陈裕达，彭玉馨，苏毅锋	王欢
48	2024058716	乡村新篇——全面振兴下的人居环境治理之道	武汉大学	董志杰，黄俊杰，张鑫，邓仁轶，蒋硕	余伟
49	2024063226	基于流式计算引擎的公交车运行状态实时检测方法	云南师范大学	王国容，张绮文，段飒飒	王晓璇，熊文
50	2024063738	量体裁“鱼”——草鱼种质表型数智平台	天津农学院	佟光远，李红豆，张柏钊，马广君，莫浩男	华旭峰，郭世懿
51	2024067426	基于树莓派便携式苹果叶片疾病识别系统	甘肃农业大学	王博，伏湘婷，焦晨骁	逯玉兰
52	2024067591	“电”亮未来——基于数据驱动多模型的智慧电力预测平台	四川大学	林奕祥，梁双琪，李若愚，郑惠文	叶庆
53	2024067778	井然有序——基于无人机自主巡检与智能检测算法的井盖隐患治理系统	电子科技大学	高鑫，李晨熙，赵旌羽，时俊华，于方林	戴瑞婷
54	2024067780	乡村发展新篇章：粮食、环境与经济的三重奏	华东师范大学	秦嗣宇，王明辉，陈胤道，李文奇，童言	刘垚，高明

续表

序号	作品编号	作品名称	参赛学校	作者	指导教师
55	2024067781	乡村建设大数据分析：探寻可持续发展之路	东华大学	杨畅，李志杰，张梦竹	吴敏
56	2024067796	“乡土苏情”——江苏省乡村土地流转分析	上海理工大学	张建民，邓元皓楠，顾嘉明	邵清
57	2024067831	面向阅读障碍儿童的数学易学平台	上海第二工业大学	张珈硕，周文骞，梁经天，蒋光宇，范嘉瑞	闫季鸿，王帅
58	2024068010	财智语——中文金融大语言模型与知识库问答平台	同济大学	张泽绅，朱轶昀，朱沙桐	程大伟
59	2024068024	智慧教育之眼	东华大学	沈钰舒，陈程，孙晨枫	潘乔，燕彩蓉

12.1.3　2024 年中国大学计算机设计大赛国际生“汉学”赛项一等奖

序号	作品编号	作品名称	参赛学校	作者	指导教师
1	2024015988	洋眼看知音	江苏大学	Michael Lordmark Mubaiwa,Bryan Panashe Mhaka,Rahman Tricia Oreoluwa,Mughogho Ben Samalani	王华，徐丹

12.1.4　2024 年中国大学计算机设计大赛国际生“汉学”赛项二等奖

序号	作品编号	作品名称	参赛学校	作者	指导教师
1	2024012472	走进中轴线	北京语言大学	Souvanhsombath Wangyee,Sofia Garbuzova,Vu Thi Ngoc Anh,Pham Phuong Nga,Pham Thi Thu	闻亭，彭锦维
2	2024015693	中国的“Newton”——沈括	江苏大学	Jeanesta Alafina Rizwold,Fodio Isaac Inalegwu,Karabo Cameron Kitsa,Farid kaigama shuaibu	孙玥，王华
3	2024024014	溯洄东方：智慧汉学交流平台	扬州大学	奈希，大海，杜青山，石玉生，安兴	刘萍
4	2024024741	合乐龙龙迎新年	南京艺术学院	黎雍祺，林晋怡，雷家悦，林小钰	奚协，刘伊伊
5	2024048181	中国汉字书法的 VR 体验与评估系统	杭州师范大学	Al-Awadhi Sulaiman Mohammed Abdullah,Ait Boulaksoute Tayeb,Gabriella Angelica	袁庆曙
6	2024068185	学古诗，知美德——《悯农》互动课堂体验	海军军医大学	陆以恒，孔玉芙，白玉	陆江东，任畅

12.1.5 2024 年中国大学计算机设计大赛计算机音乐创作一等奖

序号	作品编号	作 品 名 称	参赛学校	作 者	指导教师
1	2024008345	元极	南京师范大学	商靖秋	梁江歌，吴青叶
2	2024044706	相生	浙江音乐学院	乔汉英	李秋筱，王新宇
3	2024054009	周天算韵	吉首大学	彭楚霖	程景华，刘杰熠
4	2024058124	派	中国传媒大学	尚臻尧	王铉
5	2024068233	星迴引	上海音乐学院	黄芷若	李嘉

12.1.6 2024 年中国大学计算机设计大赛计算机音乐创作二等奖

序号	作品编号	作 品 名 称	参赛学校	作 者	指导教师
1	2024001803	启明——为明朝朱载堉“十二平均律”而作	广东外语外贸大学	彭章蕴，刘丽丹，张心艺，陈莹，曾楚恒•	何涛，董婷
2	2024002174	南星	惠州学院	张雨泽，陈恒	王振龙
3	2024002363	求真得全•算盘	南京师范大学	顾识源，许虹燚	潘建
4	2024005679	南星	沈阳城市学院	赵文博	窦畅
5	2024008134	率缀方圆——祖冲之	南京师范大学	许玉清，孙瑞珏，赵晓渔	梁啸岳，潘建
6	2024014918	数语•妙算	南京艺术学院	刘堃阳	章崇彬
7	2024024054	数	淮阴师范学院	李梦达	仲崇连，赵红伟
8	2024028189	数韵舞翩跹	安徽医科大学	王松悦，刘轩辰	吴泽志，钱晨
9	2024032584	南星	天津传媒学院	夏国文	张芳瑜
10	2024037046	晨钟暮鼓	中国传媒大学	赵云衡，马梓航	王铉
11	2024037260	南星	星海音乐学院	黄俊翔，崔梦琦，黄昊文，黄俊霖，朱奕宁	魏德邦，赵德轩
12	2024040695	九章•幂势	东北大学	黄达木，郭佳乐，侯颖灏	卜冠一
13	2024050042	珠韵袅袅	浙江传媒学院	江雅琪，郭哲希	王俊，刘奇
14	2024052077	矩•言	浙江传媒学院	金罕	刘奇，王俊
15	2024052729	淩晷	浙江传媒学院	路耀彤	刘奇，邓超
16	2024055294	南星	商丘师范学院	杨炫坤，李愫，莫成卉，孟弋然，李珂	毋杰，李铁林
17	2024057786	开方解圆，律吕调阳	中央民族大学	罗臣辰，田可可	王淑琴

续表

序号	作品编号	作 品 名 称	参赛学校	作　　者	指导教师
18	2024060314	在距地球 π 光年的地方	郑州大学	何一畅	李昱霖
19	2024061278	九韶狂想曲	中央民族大学	胡乃莹，马敬安，刘婕	卢勇
20	2024061633	算学	浙江音乐学院	刘储贤，冷校龙，蒋正一	李秋筱
21	2024062642	万物皆数	湖北科技学院	左梓辰	罗超
22	2024062654	生长	武汉音乐学院	周驰	夏孙惠美，彭遥
23	2024062980	珠算天地间	浙江师范大学	宋旭敏，沈恬宁，吴卓洋，黄海湉，赵欣怡	周奕暾，杨晓
24	2024067734	时迁	四川师范大学	张园园	任伟鑫，王迎
25	2024067800	日晷	华东政法大学	罗玄	程燕
26	2024067815	纪·贞仪	西南医科大学	刘倬孚，钟涛，王璇，沈丹阳	罗敏，邓欢
27	2024067867	摇篮	上海师范大学	范泽林	申林
28	2024067991	方寸	上海戏剧学院	陈梓涵	黄磊

12.1.7　2024 年中国大学计算机设计大赛人工智能应用一等奖

序号	作品编号	作 品 名 称	参赛学校	作　　者	指导教师
1	2024000248	SoundFlex——基于声波感知的用户自定义手势交互解决方案	深圳大学	何彦博，郑榆达，董飞航，郑洁，陈琦	邹永攀，何文锋
2	2024000588	智分类、低碳行，垃圾分类领航者——小瑜	黄淮学院	刘继学，刘泽鑫，赵璐杭，赵泳强，韩宜霖	周原，杜钊
3	2024006378	NJU LogisticCrew	南京大学	窦思哲，傅奕诚，曾可涵	辛博，陶烨
4	2024007073	基于边缘智能的 PCB 缺陷检测与可视化分析系统	广州应用科技学院	李有鹏，林可莹，李欣，陈欣怡，钟宇欣	韩康，黄留挥
5	2024007942	基于边缘计算双光谱融合视觉的火灾探测	苏州大学应用技术学院	赵加旭，俞韵然，赵沣烁，张敏	杨艳红，田宏伟
6	2024008576	基于多尺度特征融合的脑瘤辅助诊断平台	海南大学	李文杰，段雯丽，李禹佟	李华
7	2024009843	智精检测，创生未来：精子异常智能检测的先行者	南京大学	田旭鹏，王韵凯，张铁议，徐绮涵，刘浩哲	詹德川，金莹
8	2024012692	神笔“码”良	南京工业大学	钱宇昕，夏碹，王子豪	陈东，李晓丽

续表

序号	作品编号	作品名称	参赛学校	作者	指导教师
9	2024019250	灵眸慧眼	齐鲁工业大学	陈振邦，燕龙飞，王乐天，周昀泽，赵泽元	孙会来
10	2024027079	灵眸之瞳——视界守护者	渤海大学	尹昊琳，程浩明，王晓楠	霍星，高路
11	2024027711	基于 LSTM 深度学习的手语实时翻译手套	中国农业大学	张智豪，刘依柔，付航	董乔雪
12	2024031442	“纱悟质检”——基于深度学习的倍捻机断线检测系统	河南大学	周科润，李北辰，张宇，樊沂铭	庞子龙
13	2024034582	“行随心动”——基于 OpenBCI 的智能脑控系统	吉林大学	周星宏，张永帅，刘竞宇，宋阳，李锦烁	王晓光，杨可扬
14	2024038192	智护星——基于深度学习的婴幼儿全方位智能看护系统	郑州轻工业大学	张坤涵，石彭元，欧阳乐蓉	贺蕾，张涛
15	2024041310	基于大语言模型的文档问答助手	武汉大学	段信维，龙安迪，邹文骥，徐睿彰	方颖，李晓剑
16	2024061531	光影寻迹——可见光下的多目标跟踪算法研究与轻量化部署	集美大学	李伟佳，张琴玉，黄万林，潘登，陈丽媛	黄斌
17	2024067656	牧野割草机器人	电子科技大学成都学院	柯宇，王欣怡，刘皓宇	王旭，李艳莉
18	2024067763	Massive Bloom——自动化防风固沙卫士	西南民族大学	张义，刘卓希，龚政，赵小林，黎桂敏	蒋玉莲
19	2024068107	基于 SAM 大模型和 Crack-UNET 的石材幕墙裂缝损伤检测系统	同济大学	王诗腾，张翔，高羽，蒋钰萱，何铃	黄杰
20	2024068191	生活垃圾智能分类装置	上海海事大学	刘培富，王俊翔，王怡博	焦佳佳

12.1.8　2024 年中国大学计算机设计大赛人工智能应用二等奖

序号	作品编号	作品名称	参赛学校	作者	指导教师
1	2024000949	基于深度学习的帕金森检测系统	东北大学秦皇岛分校	邹智恺，许嘉桐，杨刚，尚明英，赵康硕	吕艳霞，赵玉良
2	2024001399	无人机的动态降落与多传感器融合	深圳技术大学	郑婧怡，周刘成，陈文怡，范靖轩	程涛，黄雪
3	2024001587	基于 YOLOv5 的照明与温度一体化自适应控制及故障诊断系统	常州工学院	张懿，刘健，乐春天，胡奕涛，陈乙森	戚建宇，王鹏
4	2024002437	智会 SmartMeeting——小微会议一站式管理	南京航空航天大学	昝博雅，张泽茵，孔茗琪，陈锦宏，刘亚霖	陈兵

续表

序号	作品编号	作品名称	参赛学校	作者	指导教师
5	2024002450	基于 Carla 的无人自动驾驶算法	南京航空航天大学	张羽锋，蔡承臻，陈铖，邵华盛	陈兵
6	2024002580	“巡检先锋”——基于云卸载和边缘计算的无人机双视角智能巡检系统	南京师范大学	刘雨欣，江如月，毛晨露，刘沁阳，袁杨洋	谢非，杨继全
7	2024002816	基于 YOLO-SW 的奶牛行为识别系统	石河子大学	张帅龙，翟玉洁，齐茂森	邓红涛
8	2024004372	DocuMind——基于多模态大语言模型的行业 AI 助手与中国传统文化 AIGC 系统	中国矿业大学	朱恒，焦奎璇，胡文博，王许恒，许晓宇	杜文亮，周勇
9	2024004375	慧眼智巡——基于旋转框提示与 EdgeSAM 的无人机航拍绝缘子语义分割系统	中国矿业大学	杨学通，陆慧琳，王蕊阅，刘玥希	杜文亮，周勇
10	2024004513	VTAS——基于通道与空间注意力机制的智能排球技战术分析系统	广州大学	董骥阳，龙誉，张泓，唐耿，彭泽林	朱静
11	2024005584	智能 Dynamic 数字化射线钢材缺陷监测系统	新疆大学	海家宝，董斌，王铭硕，罗皓原，董俊成	王博，于清
12	2024006194	基于端云协同大语言模型的眼部疾病智能诊疗系统	中南民族大学	林成龙，首婧捷，钱文源，吴宜蔓	潘宁，李旭
13	2024007040	基于深度学习的甲状腺结节智能辅助诊断系统	徐州医科大学	徐豆豆，梅烨凯，诸琦枫，鲁凡	任鹏
14	2024008528	固定视角短视频的动态重建与障碍物去除	北京师范大学 - 香港浸会大学联合国际学院	梁敬毅，富一航，李越，蔡昕璐	董潇
15	2024008638	籍风扫卷——Mask R-CNN 驱动的图书智能化盘点管理系统	安徽建筑大学	赵妍媛，王奇，战俊宇，吴瑞强，赵浩然	钟娟，程远
16	2024009188	青枝无忧——青少年智能体态卫士	南京中医药大学	顾业成，周晏羽，周欣怡，叶行	李红岩，郎许锋
17	2024009852	ROS 视觉导引与路径规划优化在智能快递分拣机器人中的应用	深圳技术大学	桂人杰，林瑞霞，王鹏华，邱于峰	李跃，杨照坤
18	2024010142	慧寻油储——低阻油层智能识别系统	中国石油大学（华东）	罗斯夫，李博鉴，贡楷轩，邹凯驰，张文玉	刘昕，付文霞
19	2024010241	慧眼——工厂智能监测系统	杭州电子科技大学	何允栋，金天，陈遥，吴晓寒，房豪	李平
20	2024010662	基于机器翻译的语音 - 文本 - 手语多模态翻译系统	江苏大学	张舒雨，赵思琦，夏宇涵	王华
21	2024010837	基于目标检测和调度算法的电动汽车智能移动式充电系统	合肥工业大学	陈俊洋，唐建金，唐剑羽，邓东宇	周波
22	2024010889	“视界融合，慧眼巡航”——复杂环境下基于多模态目标检测的自动驾驶安全保障技术	昆明理工大学	黄明烨，吴晟辉，马可奕，陈芸莹，刀昱博	王青旺，沈韬

续表

序号	作品编号	作 品 名 称	参赛学校	作　　者	指导教师
23	2024011073	图像梦工厂——基于大模型的图像数据标注及增强系统	中南大学	张宇，邵夏诗，李思锦，叶长胜，杨曾辉	赵荣昌
24	2024011413	“慧眼扫站”——加油站安全作业智能监控管理平台	广东外语外贸大学	韩轶超，夏东骏，石佩仪，陈莉，郑潮鑫	郝鹃，余扬
25	2024012009	基于对比学习与知识嵌入的开放场景异常检测系统	深圳大学	欧海杰，黄亮铭，吴佳仪，曹懿炀，谭晓锋	文嘉俊
26	2024012148	“智脉联通”——基于联邦学习的指静脉识别系统	南京邮电大学	郭子杰，张一博，黄雅楠	韩崇，孙力娟
27	2024012475	散货堆场智能监管系统	江苏海洋大学	冯宇，陈嘉雯，任毅，王希茜	曲毅
28	2024012712	基于优化特征融合网络的轻量化YOLOv7 无人机智能检测系统	中国人民解放军空军预警学院	姜萌，展望晨，王海鹏，田野丰，杨支业	陈新，何松
29	2024012799	基于人工智能的遥感影像云检测和薄云去除	南京理工大学	陈屹青，赵博文，周建林	孙亚星
30	2024013290	火眼金睛——小物体目标检测系统领跑者	南京邮电大学	祝翔祺，张昊，戴钰佳，杭思成，刘雨涵	郝川艳
31	2024013334	基于目标检测和扩散模型的多模态定位文生图系统	中南林业科技大学	周宏亮，徐嘉欣	朱明娥，周国雄
32	2024014012	基于改进 YOLOv9 的无人机光伏巡检系统	武汉理工大学	麻苡光，赵恺骐，王齐家，石刚毅，杨冠楠	石兵，彭德巍
33	2024014741	基于机器视觉和深度学习的动态智能考种系统	南京农业大学	周婷婷，陈宣羽	卢伟
34	2024016422	“肾”为首位——深度学习赋能肾肿瘤腹腔镜手术辅助系统	东南大学	李威豪，朱翼，刘孟玄	杨冠羽
35	2024017115	基于 Vision Master 算法平台的工业智能视觉检测系统	暨南大学	张桦坚，李佳信，黄旻睿，詹东东，李恒鑫	李德平
36	2024017126	桥泊智汇——基于群体智能的集装箱码头泊位和岸桥资源协同优化系统	南京信息工程大学	邹杨和，孙月彤，于涛	许沛澜
37	2024017276	楚霸王智慧物流机器人	宿迁学院	马潇潇，王婷钰，吴雨轩，钱超，高振峰	郭新年
38	2024017415	明眸洞察——基于嵌入式平台的安全帽规范佩戴检测系统	南通大学	袁哲，理锦诚，荣蓉，王荣，陈茂阳	李跃华
39	2024018178	智阅网——基于文心一言的智能阅卷平台	河海大学	沈逸骏，孙昊，郭子扬，曹书华，高翔宇	刘凡

续表

序号	作品编号	作 品 名 称	参赛学校	作 者	指导教师
40	2024018275	小井盖，大民生——基于边缘智能的井盖隐患智能检测识别	南通大学	徐权杰，高宇轩，杨筱涵，丁红，闫苏园	王孟，李祥彪
41	2024018337	智悦管家——生活翼卫护航	苏州城市学院	陈泽，朱铭韬，吴凯茵，姚世泽，刘苏燕	郑君媛，许宜申
42	2024018353	物流导航与分拣机器人	南京信息工程大学	姚懿，张瑞晨，张一博，韩铭佳，石梦雅	凌妙根，孙乐
43	2024018585	CNO-Former：基于混沌神经振荡自注意力机制的文本生成模型	北京师范大学 - 香港浸会大学联合国际学院	于佳鹏，罗恒艺，汪子轩，吴宇谦，王舒民	李树德
44	2024019263	“渝”你同行——基于 RAG 架构与 RWKV 大语言模型的重庆文旅智能导游	西南大学	贾玺枭，岳晶晶，赵浡屹，刘洋，杨笑盈	刘运
45	2024019293	智果视界——基于边缘计算的水果分拣交互系统	广州理工学院	何国轩，曾萍萍，李其达，黄俊彪，梁子俊	朱亚峰，贾林锋
46	2024019330	基于地磁导航和图像增强的水下机器人	广东海洋大学	徐博研，关万里，胡轩浩，张萌，梁凯琪	赵男男，温梓呈
47	2024019860	Hepar Decoder——基于血管流域的精准肝分段系统	重庆大学	易千喜，张远卓，杨松鸣，苟书祥，文红兵	文静，王翊
48	2024020046	基于深度学习的室内火灾预警系统	广州理工学院	陈锦，林佳颖，杨骁，甘嘉惠，黄琳	杨雨佳，汪国华
49	2024020159	基于 ROS 的智慧物流小车	河南工业大学	王宇航，万林炜，田承玉，单雅各，王正原	李雪峰
50	2024020262	GuardianEye 智能家庭安全守护终端	苏州大学	胡轶凡，史华睿，周骁逸，林昱彤，武甲一	胡沁涵，贾俊铖
51	2024020549	智绘术野——智能腔镜驱动医技教学新发展	苏州大学	朱振杰，匡荻，邓名超	陆波
52	2024023069	慧眼医疗：联合多任务 AI 的影像处理平台	安徽大学	裴政，刘颖，曹馨之	杜秀全
53	2024024133	基于深度学习的水稻种粒缺陷识别及重叠水稻种粒计数系统	扬州大学	夏俊杰，赵嘉懿，郭嘉慧，刘子豪，胡舒怡	孙进
54	2024024808	明眸卫家守健康——基于边缘智能的家庭健康守护系统	山西大学	张世林，王晗宇，郑禹彤，王瑞莹，洪峻涵	李雪莲
55	2024026111	基于深度学习网络的农业病虫害识别模型	珠海科技学院	黄振嘉，陈继昀，孙宁涛，黄梦婷，陈怡汀	朱天元，袁秀芸

续表

序号	作品编号	作品名称	参赛学校	作者	指导教师
56	2024026719	问心——基于改进的 resNet34 智能生命体征监测系统	海南师范大学	姜华，李佳怿，李城辉，赵劲松，侯名	吴淑雷，张鲲
57	2024027125	智慧明途：边缘智能驱动的视障人士视觉辅助系统	南京工业大学浦江学院	周丽华，杨雄彬，李文杰，魏洋，陈晨	姜丽莉，李奇
58	2024027141	“油气管道医生”——管道焊缝缺陷智能识别系统	浙大宁波理工学院	高艺，陈曦，刘佳辰，周昱昊，李彬林	宋光慧，朱朝艳
59	2024027774	基于 fMRI 的凝视追踪系统	安徽医科大学	丁逸雯，简爽，夏一航，王浩，彭宇慧	梁振，吴泽志
60	2024027835	基于大模型的中文文本处理助手	厦门大学	曾远择，陈风行，褚皓程	冯超
61	2024027853	慧眼析影——精准医疗诊断助手	天津理工大学	韩林芮，何竟成，杨志镕，黄思雨，马一飞	沈丛，刘渊博
62	2024029193	基于 YOLOv5 的作物病症检测系统	山东师范大学	王秀杰，张传龙，朱泽瑞，焦烁月	徐连诚，武海波
63	2024030018	Be My Eyes——基于 RGB-D 的可穿戴户外场景级识别设备	三亚学院	徐铮，王子鹏，张梦麒，牛彬宇，靳铄炀	汪舜敏，黄寿孟
64	2024030209	FOLLOW ME——基于 SLAM 和 3D 手势识别的停车场智能寻车机器人	青岛科技大学	伊俊飞，邱康展，索云天，张家铭，樊庆建	刘扬，马兴录
65	2024030805	“忆智”阿尔茨海默病智能辅助筛查系统	广东药科大学	杨明，吴泽杰，谢德宇	周苏娟
66	2024032899	基于深度学习循环神经网络的智慧交通系统	哈尔滨工程大学	陈鸿翔，刘子源，王嘉杰，邓天奇	赵国冬
67	2024033087	AI 安全卫士——FABE 安全大模型：面向 AI 大模型的安全防御 AI 系统	哈尔滨理工大学	许啸昂，李烨煊	朱素霞
68	2024033651	“果得”Good 多机器人采摘系统	西南林业大学	刘博文，陈楚涵，杨秧，郭黎芝	李俊萩，张晴晖
69	2024034154	苍穹之眼——侦察无人机目标检测系统	陆军炮兵防空兵学院	谢晓平，陈舜达，孙小金，陈嘉鑫，周建云	秦晓燕，张彬彬
70	2024034529	音艺物语	山东大学	留嘉城，李路阳，田仁杰，娄赫元	王春鹏，张亚涛
71	2024035603	智检草莓——基于改进 YOLOv8 的智能草莓病害检测与分割系统	北京科技大学	吴百强，郝一鸣，王宝杰，张帅，张奕扬	汪红兵，范茜莹
72	2024035658	Jarvis	中北大学	孟楷轩，张利伟，赵子健，陈良至，赫英凯	赵凯艺，秦品乐
73	2024035958	智致轻	福州理工学院	董浩，陈彩芳，王本堉	刘顺财

续表

序号	作品编号	作品名称	参赛学校	作者	指导教师
74	2024035989	“闻人墨刻”——古汉语识别预测智能 App	北京工业大学	王栩宁，苏芸卉，史岳阳	范青武，和薇
75	2024037064	忆智守望——多模态数据驱动的阿尔茨海默病智慧诊断系统	重庆邮电大学	曾思盈，傅鑫，白郑郑，王家宜，刘泉	杨燕
76	2024038288	码上慕学——基于 AIGC 的慕课自动化生成与个性化学习平台	哈尔滨工业大学（威海）	白晶，姜粲，高宇昂，陈奕澍	张华，夏勇
77	2024038816	基于计算机视觉的 PCB 异常检测系统	辽宁科技大学	张廷波，侯超宇，岳朋，万声，张硕	王博，李惠明
78	2024040276	基于 VisionMaster 平台的工业零件分类与检测	辽宁科技学院	钱仕贵，孟令帅	王彦超，董志贵
79	2024041414	Next_FlexConv：集成 MedNeXt 与 nnU-Net 技术的创新医学图像分割与三维呈现系统	重庆文理学院	杨光煜，黄震，刘芯彤，宾一钦	孔世明
80	2024042405	光景复城——基于激光雷达的城市语义地图构建	云南大学	谢东廷，刘晴，吴潇坤，万薇，刘畅	杨志柳
81	2024043549	慧眼识桃——基于深度学习、边缘智能和光谱分析的桃子多指标辅助评测系统	北京邮电大学	黄成梓，周佳瑞，鲍玟妤	尉志青，韩康榕
82	2024045101	鲁绣情韵：Transformer 与区块链融合的资产保护系统	曲阜师范大学	薛晨，王鑫，徐斐斐，刘洪川	刘智斌
83	2024045540	基于昇腾系统的智能机器人 ROS 适配、并行感知与导航	太原学院	宋云飞，韩璟璇，贾云吉，刘芙蓉，况通	陈志贤，张乃江
84	2024046057	“虫除螨治”——基于 YOLOv5 改进模型的柑橘全爪螨识别计数系统	江西农业大学	徐丹丹，王宏若，廖悦	殷华
85	2024046799	“慧眼”——基于 RepSeg 智慧前景图像分割系统	北京科技大学	周川驰，王端倪，赵超越，尚义恒，张昀旭	汪红兵，王昱洁
86	2024047507	光途：城市街道环境下基于像素语义场景重建的一体化智能导盲设备	华中师范大学	龚保全，曾万康，刘雨蓉，李绍毅	彭熙
87	2024048400	智能视觉识别大脑	吉林师范大学	林春艳，钱添晓，张海笛，王路航	董贺
88	2024048972	影随飞——姿态驱动的无人机控制及目标追随系统	西南大学	陈天翼，朱昊，管齐，郭屹	韩先锋，张明悦
89	2024052913	MyLLM——垂直领域大模型迁移适配一体化平台	天津大学	温路航，王跃林，沈明明	李杰
90	2024053003	觅介精灵——基于 LLM 生成式 AI 的导览机器人	浙江工业大学之江学院	徐从正，许诺，吴圣哲，许俊辉，郭真毓	张现荣，吕圣军
91	2024053782	FalseLight 基于多模态语义融合与推理的虚假新闻检测系统	郑州大学	胡廷麒，雷颖，宋雨轩，张奉雉，金晨颖	刘明林

续表

序号	作品编号	作品名称	参赛学校	作者	指导教师
92	2024056060	人工智能仿生机械臂	内蒙古科技大学	李紫俊，王奕程，刘瑞升	张帅，程永欣
93	2024057534	基于知识图谱的 AI 装备参谋	陆军装甲兵学院	杨坤垚，尹政雲，吴石磊，段有鹏，陈景一	屈强，胡海荣
94	2024060452	HaMonitorSentry——高层智能监测系统	武汉大学	程子洋，丁羽轩，魏彦豪，龙雨洁，黄静	邹立新，汪润
95	2024060588	基于深度学习的智能书法临摹评价系统	延边大学	朱科锦，谢金峰，郑睿韬，李超越，崔俊河	金小峰
96	2024061497	多孔烈性炸药质量非接触检测与预警系统	北京化工大学	江金康，黄彬彬，邱谷杭	卢罡
97	2024062230	基于 ROS 的智慧物流分拣小车	宁德师范学院	游宇航，郭承凯，陈梓琪，赖思琦，林恺逞	杨烈君，林莲芳
98	2024063463	AIGC 教学创新——基于 O-AMAS 有效教学模型的教学设计辅助系统	南开大学	孙云飞，董炤麟，张括	王刚，李妍
99	2024064263	基于机器视觉的管件微尺度磕碰伤实时探测系统	嘉兴大学	张佳欣，陈伟杰，范智炫，张宇，鲍梦娇	刘子豪
100	2024066529	基于 AIOT 的黄龙病检测预警系统	桂林航天工业学院	龚政烨，张汉利，周美晨，于秋实	赵全友，阳珊珊
101	2024067480	基于全国产化 AIOT 的智能分类垃圾桶	兰州大学	华俊宇，陈豪隆，苏睿，何建鹏	李训栓，赵鹏
102	2024067610	天眼通——道路交通状况分析系统	宁夏大学	刘祎恒，赵宇鹏，杨志航，张晓然	刘立波
103	2024067700	基于进化算法的 CNN 模型实现雷达图像外推	成都信息工程大学	李天龙，陈曦，王语嫣，乔豫川，付书聪	魏培阳，甘建红
104	2024067814	智能绿篱修剪机	西南石油大学	杜儒涵，赵雪，龙昊，吴轩	周幂，龙樟
105	2024067833	心厚洞察者——左心室肥厚鉴别诊断系统	上海健康医学院	芦豫琦，张铁彪，葛少威	刘巧红，杨晖
106	2024067845	基于深度学习的近地天体识别	上海师范大学	郭亦阳，衡珊	张波
107	2024067848	把“视”界说给你听——智慧视障小助手	上海大学	谢瑞鹏，曹志涵，郭镇源，陈祥，舒祥	高洪皓，方昱春
108	2024067992	基于单目视觉的人体姿态估计	上海电机学院	杨振楠，鲍星含，刘炎	刘琳，张鹏鹏
109	2024068030	基于 GAN 的 AI 语音转换和防伪识别系统	四川轻化工大学	康伟城，颜锞，张靖	陈超
110	2024068064	基于无人机的桥梁裂缝智能识别方法研究	上海建桥学院	苏雨蒙，罗健恩，朱雨欣，张琦	展召敏
111	2024068123	智能工业视觉检测	四川大学	杨耀坤，李阳，李爱冰	王鹏

续表

序号	作品编号	作 品 名 称	参赛学校	作　者	指导教师
112	2024068169	大语言模型在古籍解读探索：技术实现与文化传承	甘肃政法大学	陈辅元，张世斌，符银霞，柴承清，李智江	李艾林，刘卫华

12.1.9　2024 年中国大学计算机设计大赛软件应用与开发一等奖

序号	作品编号	作 品 名 称	参赛学校	作　者	指导教师
1	2024001155	智绘未来——计算机专业就业指导与规划智能分析平台	广州应用科技学院	方世云，陈鸿飞，黄进军，吴梦梅，李灿晖	林颖，秦亚雪
2	2024008753	AI 钢琴家	南京大学	尤泓杰，易慧宇，柴浩天	金莹，钱超
3	2024009907	基于大语言模型的古籍翻译学习一体化平台	南京农业大学	金存远，肖晗婧，郑璨，钮兰皓，李正康	刘浏，王东波
4	2024010113	基于区块链和大数据的肉鸽产品可信溯源服务平台	仲恺农业工程学院	巫宇，李思睿，熊惠敏，陆铨博，林沛懿	刘双印，徐龙琴
5	2024016163	智膳生活——基于深度学习与数据分析的个人健康助手	南京信息工程大学	潘超，刘海涛，黄振阳，廉宸，许馨予	孙菁，李俊平
6	2024020879	基于神经网络和注意力机制的恶意域名实时监测系统	南京理工大学	彭与茗，王博	魏松杰
7	2024025041	乐享云——多移动端助老软件应用与开发	南京艺术学院	张雨欣，钟子杰，陈嘉怡	王文聪
8	2024025868	EconInsight——基于深度学习的金融分析平台	闽江学院	罗祺炜，陈美萍，傅天麟，林正旭	张福泉
9	2024026019	PathoVision：基于病理图像噪声检测的主动学习系统	重庆大学	李金阳，安惠，罗桐，黄钰荐	葛永新
10	2024028827	古韵新章——3D 国画创作平台	哈尔滨工业大学	王乾宇，侯皓铮，许坤彬，王瑛琦	田英鑫，刘绍辉
11	2024030766	VegTrace——智链惠农	青岛大学	张天朔，于靖霖，高庆灿，高岩鑫，郭纪壮	邹岚
12	2024031922	基于文心大模型的第二课堂智能数据分析平台	中国石油大学（华东）	周铭轩，高乐康，刘文骏，许祖耀，纪璐琪	吴春雷
13	2024034333	Yukari：驭光智检缺陷检测框架	吉林大学	杨瑞，王潇，陶翰文，关俊杰，林简宁	王晓光，玄玉波
14	2024042171	篮球智语——智能交互系统	北京邮电大学	王依然，高雅，马煜明，孙浩然，白雪影	吕雄策，吴铭
15	2024043726	智慧城管——基于无人机协同的社区井盖自动巡检系统	山东管理学院	王子豪，韩锦涛，闫虹雨，徐盈盈，申孟曦	王灿伟，郑春光

续表

序号	作品编号	作品名称	参赛学校	作者	指导教师
16	2024052841	密盾智检——信息化设备涉密文件智能检测与管理系统	陆军军事交通学院	施金哲，徐家彦，张傲，丁腾，刘世航	刘旭，魏建宇
17	2024056842	诗韵时光机——基于 AI、AR 和 VR 技术的古诗词文化传播软件	湖南工业大学	侯文秀，李跃行，孙理，胡弈宁	邓晓军
18	2024060409	星载激光雷达模拟与反演系统	华中农业大学	戴林鑫	刘艳
19	2024067842	钢途——钢质家具跨国供应链信息化协作平台	上海大学	李星宇，李睿凤，姬翔宇，邵宇宸，张亦涵	方昱春，高洪皓
20	2024067846	观羽无界——文化与自然交织的观鸟交互平台	上海大学	俞秋旭，陆昊韬，周韩，张凯瑞，曹凯	高洪皓，方昱春
21	2024067999	卖多多——连锁商店管理系统	复旦大学	郑翔，吴嘉骜，林子开	郑卫国
22	2024068163	Mirai 僵尸网络威胁狩猎系统	上海交通大学	徐宇飞，陈冠宇，林中阳	邹福泰，孔令和
23	2024068237	智绘航途	上海海事大学	雷天慧，孟卓雅，李乐	章夏芬

12.1.10　2024 年中国大学计算机设计大赛软件应用与开发二等奖

序号	作品编号	作品名称	参赛学校	作者	指导教师
1	2024000003	医光辨影——标注判读一体化医学影像辅助系统	重庆邮电大学	李雨珈，王俊民，肖潇，邹琪，落磊	雷大江
2	2024000492	湖北民族大学一卡通监控平台	湖北民族大学	赵浩埼，余婷，黄席宇，吴启金，邓俐俐	贺刚
3	2024000825	峰宇魔术 App	广州大学	陈航亮，赵芷晴，周利霜，唐新雨，刘炜	陈畅频
4	2024001284	农信链溯源平台	淮阴工学院	何一凡，张文杰，范星杨，周宇，丁小越	金春花，于长辉
5	2024001818	洛极克：定制化语言模型集成与再开发平台	中央民族大学	司昊阳，任晋萱，王世屹，王今甫，陈乐恬	李成明
6	2024001843	速趣购——一款即开即用、多平台兼容的智能零售商城解决方案	石河子大学	杨磊，厉博阳，张文星，李祥，张勇	刘长征，朱东芹
7	2024002084	VULNX：基于 Bert 和图匹配网络技术的软件漏洞检测平台	大连海事大学	谭佳熙，燕庭轩，符镇侃，赵网，李心渝	赵正
8	2024003097	BitNote：基于 Flutter 与 Towhee 的音乐 App	中国石油大学（华东）	吕宝春，许少杰，杨瑞，郭梦悦	李永

续表

序号	作品编号	作品名称	参赛学校	作者	指导教师
9	2024003108	智慧电力安防平台	南京师范大学	袁帅，周云垚，袁睿	陈燚
10	2024003111	“湖光卫士”——生态湖泊监测预警系统	河北农业大学	郝雨川，赵雪，刘帅，刘婉婷，王嘉磊	陈晨，马丽
11	2024003391	基于超宽带和大模型的展馆智慧导览系统	中国石油大学（北京）克拉玛依校区	李文韬，方叶武，邬圣锋，梁天乐，耿赫	李国和
12	2024003958	基于生成式人工智能的广州市标语翻译与纠错系统	广东外语外贸大学	王晨旭，兰文涛，周柳含，张乐然，郭祉盈	周栋
13	2024004537	互联医疗未来：基于区块链微服务的跨链电子病历系统	三亚学院	刘鑫，罗福，罗涛，马驭时，朱家赟	梁志勇，江荣旺
14	2024004676	有题笔记——大学生自主学习解决方案的创新者	东北林业大学	严伟，孙国文，孙瀚文，何逸潇，周芷如	孙海龙，李瑞改
15	2024005958	宝物链——区块链赋能的贵重珠宝销售与溯源平台	南京邮电大学	房潇，陈广楠，陈子逸，王可	黄海平，蔡惠
16	2024006174	EasyPaper——基于 React、SpringBoot 和 ChatGLM 的智能论文评审系统	南京大学	汪洋海，韩宇腾，李琪杰，王蔚昕，胡心琮	赵祖威，戴新宇
17	2024006251	基于改进 YOLOv8 的无人机智慧工地安全监管系统	湛江科技学院	邱鹏，林彦智	丁兵兵，梁丽莎
18	2024006586	基于区块链与物联网的药品智能追踪溯源平台	哈尔滨商业大学	李俊豪，赵力阳，董明宇，吴坤卓，沈子博	赵倩，金一宁
19	2024006750	福仁门诊管理平台	哈尔滨华德学院	林天云，杨杰，黄宝如，杜德新	郑罡，于晓婷
20	2024007167	基于 Web+Service 的内河船舶远程安全监管平台	武汉理工大学	陈明辉，李瑞瑶，徐子珂	李玉强，郭晶晶
21	2024007256	慧眼——工业产品缺陷智能检测平台	长春理工大学	盛轩硕，王嘉鹤，张煜坤，何彭，周纬轩	王玲
22	2024007289	岐黄素问——基于大语言模型的中医智能健康咨询平台	南京中医药大学	赵嘉仪，王广康，赵乐林，吴悠	杨涛，董海艳
23	2024007704	灵动网探智慧网站捕获与分析系统	滁州学院	武天正，岳畔畔，刘俗古，侯光照，陈浩宇	陆婷，刘娜丽
24	2024007806	知聘网——基于知识图谱的大学生能力评价和职位推荐系统	中国石油大学（华东）	王哲，缪煜玮，王旭东，涂俊豪，贾平梁	刘昕，付文霞
25	2024008108	急救雷达——针对 CPR 和 AED 培训的交互式可视化分析系统	合肥工业大学	王天琦，金玥溪，田霖轩，肖奇蒙，熊一璇	路强，贾伟

续表

序号	作品编号	作 品 名 称	参赛学校	作　者	指导教师
26	2024008159	ExploreMate——基于混合式遗传算法的旅游路径自动规划软件	南京邮电大学通达学院	卢盛泽，黄磊	韩腾跃，蒋晶
27	2024008270	MedJudge：医学生自己的编程训练平台	南京医科大学	金于楠，袁佳豪，李承昊，刘锦怡，刘琳	曹晨，胡晓雯
28	2024008516	探秘文学之都	南京师范大学	杨艺，范昕怡，叶韵	龙毅，张翎
29	2024008685	TruthGuard——面向 AIGC 的多模态内容篡改检测系统	海南大学	李季鸿，梁浩哲，钱艺瑶，朱家敏	徐紫枫
30	2024008723	声探光华	深圳大学	谭婉莹，郑嘉璐，刘倩妍	王璐
31	2024009072	面向智慧航运的智能港口数字孪生一体化平台	江苏海洋大学	朱亮，郭玥，孙爱民，董子宇	李慧，胡文彬
32	2024009104	智链溯源——自行车序列号追溯系统	广东白云学院	余文康，郑泽鑫，林宇烨，陈艺元，陈思祺	刘莉，张梦元
33	2024009330	基于 AI 的课堂质量综合平台	南京师范大学泰州学院	昌泽西，施雨佳，冯炫岚，李亦帆，李思源	周游，张国华
34	2024009435	“卡影随行”——NFC 远程使用安全系统	东北大学	金明星，王艺潼，王彦博，王鑫然	王强
35	2024009444	BQAI+：基于知识图谱和深度学习的中医药科普与在线问诊平台	江苏大学	张文洋，丁浩桐，施新平	陈锦富
36	2024009707	智慧港口船舶交通管控与可视化系统	江苏海洋大学	张丽玲，陈谱乐，白玉莹	李慧，王国金
37	2024010209	基于“AIOT+ 区块链”技术的徽茶智能仓管与品控一体化管理信息系统——徽茶“云茶仓”	安徽农业大学	刘司雨，孙翔，丁文荣，董彩月，陈孝坤	王超，杨帅
38	2024010596	智简悦老 App	北方工业大学	马梦萧，宋翔辰，张诗棋	王若宾
39	2024011558	流智图灵——基于 RoBERTa-MiniLM 和知识图谱的威胁感知平台	湖南农业大学	谢逸，钱佳乐，李家轩	傅卓军，李伟
40	2024011595	基于 3D GIS 建模的可视化古镇智慧数据系统	江苏大学	周子鸣，王鹏翔，钱政鹏，李陆一赟	林琳
41	2024012000	秘澜智汇——数据协同隐私计算平台	武汉理工大学	刘皇琢，魏民，穆钰莹，张梦汝，袁梦佳	田璟
42	2024012178	智能融合生物化学逆合成路径规划系统	东北师范大学	陈士乙，朱刘锦翔	付治国
43	2024012741	Easyuse 易用——一站式迎新系统	南通大学	陈雪娇，曹智翔，杨婉莹，万陈烨，石立强	陈翔，田丹
44	2024012986	基于 Swin-PSAxialNet 的医学图像解析与交互平台	南通大学	王行，李铮昱，戎泽，张典，李治贤	马磊

续表

序号	作品编号	作品名称	参赛学校	作者	指导教师
45	2024014072	"RentEase Connect"基于区块链+联邦学习协作下的房屋租赁系统	浙江财经大学东方学院	邵一峰，丁钰凡，洪易韬，徐一凡，罗杰辉	刘铁桥，宋怡君
46	2024014576	海洋"珍"选——基于ECAM机制的改进YOLOv8混合BYTE的智能水下监测系统	大连海洋大学	汪敏捷，杨金松，张雨平，李铭洋，黄湛文	李然，林远山
47	2024014994	基于物联网的烟草一体化管控系统	福建江夏学院	陈有鑫，冉奇林，宋智博	张晖，林旭云
48	2024015075	华彩绝韵传豫剧之美——基于springboot与vue的豫剧传播系统	洛阳师范学院	栗广长，栗雨欣，常建华，徐超前	闫晓婷
49	2024015410	捕"风"捉影——季节内至季节尺度台风集成预报系统	南京信息工程大学	池锵云，余翰文，许童博，李玉娇，李晓航	闫雷鸣，王晓春
50	2024015655	基于中小电商的大数据挖掘	武汉理工大学	赵子博，陈诺，王雅芳，邵强，李梦娟	秦珀石，彭强
51	2024016550	"心向往之"——基于知识对比增强与协同交互感知的KCCI心律变异拓补预警平台	东北林业大学	刘正轩，周有备	王波
52	2024016785	颈乐宝——智能颈部健康护理系统	郑州轻工业大学	杨阳，赵亮，魏家辉，朱怡倩	孙春亚，刘玥杉
53	2024016969	电力保障者——基于深度学习的输电通道隐患识别与预警系统	江苏科技大学苏州理工学院	徐志，曹雪，丁兆伟，陈可欣，李佳静	李雪宝，郑艳芳
54	2024017258	遥感影像智能解译开源平台	河海大学	李昊儒，廖平，曹凌铭，卢利栋，易博坤	陈慧萍，金永霞
55	2024018066	基于多模态识别技术的水鸟监测系统和湿地智慧科普应用	北京林业大学	张栩畅，张金柯，朱羽宁，张毅阳	王晗
56	2024018529	健心智护：基于医疗大模型和迁移学习的心电诊疗系统	重庆大学	古槟铖，熊孝宇，邵宇辰，王泽坤，金一灿	廖军
57	2024019090	健康中国——基于PaddlePaddle的3D医疗数据解析平台	合肥工业大学	王煜骐，栗楷，卢小芬，李燕伶	刘建，马学森
58	2024019213	慧眼课堂：基于边缘智能的实时监学平台	江南大学	赵子璇，周昕阳，吴宇林	桑庆兵
59	2024020181	基于专家知识与深度学习的ECG心律失常分析管理系统	苏州大学	许城玮，郭欣，张明祥，郭争，阮俊琦	陶砚蕴，张宇祯
60	2024021690	一键测试：面向工业软件的程序演化与智能测试一站式平台	苏州大学	武甲一，程乐怡，班逸，顾天弈，胡轶凡	章晓芳
61	2024021960	基于深度学习的软件故障预测与定位系统	哈尔滨工程大学	张笑阳，张伟杰，陈厚霖，宋寿磊，张福森	王勇，杨静

续表

序号	作品编号	作 品 名 称	参赛学校	作　者	指导教师
62	2024022654	鸟影拍客——基于改进的 yolov8-VSSNet 鸟类识别与科普微信小程序	东北林业大学	彭子阳，王文哲，史晓涵	任洪娥
63	2024022857	多智鲁班——基于Efficient Text2CAD 的智能工业零件生成系统	杭州电子科技大学	王炳瑞，黄晨煜，陈文杰，钟铁实，李庆蓬	秦飞巍，王烨茹
64	2024022864	文物语者——博物馆智能伴游	燕山大学	王博达	冯建周
65	2024022914	天一智能——光纤通信系统的仿真实现	北京邮电大学	尹海森，刘佳成，刘旭，刘梓怡，韩柏杨	席丽霞，丁丹
66	2024022934	城市守护者——面向公共场所的危险事件监控预警系统	天津理工大学	刘仪然，雷凯杰，耿胜杰，成科旭，赵御冰	董晨
67	2024023376	“煜致”——基于 5G 云平台的乡村医生培训虚拟仿真教学系统	中国医科大学	倪致远，刘嘉琪，徐鑫迪，文一乔，王潆萱	娄岩，陈思娇
68	2024023998	基于大数据分布式存储框架 HBase 的可视化编程	山西农业大学	刘彦红，李阳	董文强
69	2024024677	农智护航：农产品检验测试业务管理系统	南通理工学院	马婕，刘建，曹骁杰，刘宇航	高婷玉，邱建林
70	2024026553	绚丽多瓷	怀化学院	范琳婧，邓建杰，刘超吉，莫茜翔，吴雨桐	彭玲，向颖晰
71	2024026810	SafeGuard——智能工厂安全保障系统	杭州电子科技大学信息工程学院	叶轲诚，王桢，许铭鑫，张树彬，叶利钦	金洁洁，唐红军
72	2024026960	“智院通”——基于微信小程序的高考志愿填报助手	哈尔滨工业大学	肖志，柳相旭，徐紫盈，许耀琨	田英鑫
73	2024028086	基于海上航道场景的语义分割算法设计与应用	浙江海洋大学	王雨萌，何家俊，应媛，何嘉玮	毕振波，叶其宏
74	2024028337	“希壤智农”——农作物生长监测与虫害检测云平台	河北农业大学	张政，吴迪，郑江洪，商涛，黄帅尧	何振学，陈晨
75	2024028787	AiResume——智能简历生成助手	重庆工商大学	孙静茹，白易，胡敬铃，牟涵香，罗娅	杨永斌，梁新元
76	2024030593	WeAI——跨端智能对话交互助手	广东石油化工学院	郑永鸿，赖佳豪，张粤	李欣，吴良海
77	2024030742	图文魔方	武昌首义学院	康家启，沈亮，杨杰，郑孟云	溪利亚
78	2024031262	AI 心星球	广东东软学院	郑泽桤，卓建隆，吴楚城，柯晓婕，黄韵淇	李小峰，李晶
79	2024032399	基于波浪补偿自稳平台算法的海上作业无人船	重庆交通大学	代艾鸿，李文睿，桂旋，钟宝华，李柏林	赵藤

续表

序号	作品编号	作 品 名 称	参赛学校	作　　者	指导教师
80	2024032499	智阅创界——基于SVTR前沿算法与多模态大模型的智能阅卷平台	江西理工大学	胡文晗，陈乾，刘宇骏，范裕坤，张子雄	李江华，兰红
81	2024032653	WeCoder——基于协同过滤算法的个性化AI编程教学平台	河南财经政法大学	刘家华，肖阳，李唯戬，白欣雨，吴安毅	李洁颖，米慧超
82	2024033438	词境	山东大学	郑元鸿，李悦阳，李宜臻，钟彭晖	王春鹏，张亚涛
83	2024033471	金融欺诈督察——金融欺诈案件智能识别监测决策系统	杭州师范大学	李奕哲，庞嘉豪，刘子阳，张一航，白雅竹	刘雪娇
84	2024033487	云上鹿鸣——智慧康养践行者	河南财经政法大学	王萍，肖康飞，路梦瑶，林丛，王鹏宇	冯新扬，马良希
85	2024033511	深海弱网环境下视频帧内帧间快速压缩算法	杭州师范大学	江俊豪，林秀钧	丁丹丹，徐舒畅
86	2024033569	基于SaaS服务的数据可视化低代码开发平台	重庆移通学院	黄成，聂小波，银臻凯，李博文，秦莉霞	肖江红，胡俊龙
87	2024033802	水稻助手	哈尔滨师范大学	张逸文，王云枭，刘骁，赵雪同，任铁鑫	李红宇，贺维
88	2024033820	智能型水泥浆监测平台	沈阳工业大学	杨阳，陈雨诺，及鹤竣，李昊原，周焕然	刘嘉峰，毕猛
89	2024034645	诈止AI——AI换脸鉴别	北京科技大学	姜证朗，张珈豪，马幸天，钟袆栋	朱红，张敏
90	2024034800	容“E”学智能四六级学习系统	广州软件学院	谢泽洲，黄义艳，陈欣玲	黄亚如，邝晓彤
91	2024035092	数据赋能的信管领域文献搜索与AI辅助阅读的智能文献平台	中南民族大学	肖杰新，张纯茂，侯鹏辉，雷震坤，邱子健	杨单，李超锋
92	2024035390	基于弘玑cyclone——RPA的电子发票自动化流转中间服务软件的设计与实现	东北大学	王小琦，黄睿珂，玉刘杰，刘禹彤，汤麟凯	王冬琦
93	2024035867	瓷韵新生——基于AR、大模型和知识图谱技术的数字化展厅系统	丽水学院	邓宇雷，孔俊峰，朱佳怡，周敏莉，徐念	叶振，陶燎亮
94	2024036108	多模态医学图像配准算法与应用	杭州师范大学	康赵一，彭嘉煌，宾婉宁，徐宁，毛碧贤	刘文浩，周迪斌
95	2024036162	基于若依框架的智慧医疗服务平台	青岛理工大学	王鹏斐，孙光辉，孙涵，安赛雅	翟正利，张丽
96	2024036218	基于复杂混沌系统的多维图像安全传输方案	哈尔滨理工大学	奚健朝，李鹏达，查广杰	叶子

续表

序号	作品编号	作 品 名 称	参赛学校	作　　者	指导教师
97	2024036265	studycopilot 智学问界——基于 GLM-4 系列模型的生成式学习辅助平台	山东师范大学	孟炫宇，胡晶晶，孙世涛	王春华
98	2024037379	基于灰色预测算法的高考大数据平台	山东建筑大学	鹿津愉，杨珂，杨桐，潘维超，董玉可	杨磊，赵冬慧
99	2024039791	基于 YOLOv8 算法的复杂海况下的海面弱小目标跟踪识别软件	海军大连舰艇学院	刘天一，陈文锦，乔玺桢，万可欣，肖滢	祁薇，张思萌
100	2024039874	基于工业互联网技术的设备智能维保	安徽工程大学	杨范轩，杨祖翔，罗蒙磊，胡雪燕	刘涛，黄翔翔
101	2024040300	客滚查——智能公共交通信息管理平台	大连大学	王启瑞，王佳鑫，代棵伊，胡田宏	李丕贤
102	2024041328	国际经贸规则虚拟实验室	对外经济贸易大学	宋金成，陈奕霖，洪语曼，李玉婷，张凌浩	李兵，刘斌
103	2024042118	知图智联	重庆理工大学	夏铭阳，唐雪，苟锐，马小勇，张宇	尹静，李唯唯
104	2024042713	基于大模型的农业种植平台	南华大学	张世亮，马超，杨秀妮，詹宇航	罗凌云
105	2024043292	室内外导航一站式平台——补齐导航服务的最后一块拼图	武汉大学	于畅，董飞雁，秦晓洁，杨雅淇，刘海沛	孟庆祥
106	2024043352	CET——监考排考管理系统	厦门大学	张桓嘉，刘阳	严新金
107	2024044208	基于数字孪生的充电桩运营数据分析系统	湖北工程学院	刘浩，姜宇，贺炉，尚明轩，严金安	赵小超，李哲
108	2024044273	针对 ISP 网络结构快速测绘方法设计与实现	国防科技大学电子对抗学院	朱思源，张阳，钱俞伯，彭秋皓	杨国正，卢灿举
109	2024044625	可追溯的学情智能化评价反馈系统	河南师范大学	周瑶，皇普恩，瓮鑫英，宋慕琦，许文硕	李功丽，张恩
110	2024045077	智红云游——红色旅游智慧化平台	武汉轻工大学	黄俊豪，胡臣博，赵璐恒，肖如意，李学林	陈松楠
111	2024045152	正则表达式在线学习	山东科技大学	郝睿，李国栋，石家豪，任倩欣	刘海霞
112	2024045558	基于百度飞桨的个人 3D 器官解析平台	太原学院	王赵辉，周慧敏，朱慧敏，冯佳馨，李青颖	陈志贤，封俊
113	2024046371	智能简历解析系统	运城学院	冯雷霆，刘奇，管超一	卢照
114	2024046606	LungAI——基于深度学习的胸部 CT 定量智能诊断系统	郑州轻工业大学	葛幸蔚，陈家乐，张冉，谢奕豪，崔昊	徐涛，孟牒

续表

序号	作品编号	作 品 名 称	参赛学校	作　者	指导教师
115	2024047148	碳友智算——基于区块链的碳核算和碳交易系统	贵州大学	路磊平，苏旭晴，张星，刘豪，章成珊	谭伟杰
116	2024048455	Taibao-ip——大模型赋能的知识产权智能服务平台	大连理工大学	王琪尧，卢树乐，黄建国	林原，金博
117	2024049082	“追心刺股”——基于网络社交信息的股价预测系统	江西财经大学	刘鑫，邱全通，姜睿临，吕健，刘知昊	陈积富
118	2024050379	Cat 程序猫——计算机类课程综合辅助教学平台	吉首大学	肖永兴，陈文嘉，张阳，毛振扬，包睿	李必云，石俊萍
119	2024052122	创思云栈——全链路技术论坛	晋中信息学院	靳邦，安贵文，王爱林，徐琳，王佳玉	王文琦，殷少华
120	2024052452	菌界探索	云南财经大学	李程，梁爽，金阿鼎	陈振兴，欧新宇
121	2024053004	Value-Go：基于可信层级确权的数据价值跨域流通平台	天津理工大学	程佳梦，张晨浩，胡苏丹，唐淑慧	张洪玮
122	2024053031	健康助手——基于光电技术的智能监测与健康服务平台	曲阜师范大学	王馨颉，陈丽娟，张耀，赵一凡，黄存川	王玉田，徐娟
123	2024053787	ForJob——基于大模型与知识图谱的智能化求职招聘平台	湖南中医药大学	曾伟豪，罗雨，黄文杰，曹自强，田俊	胡为，李小智
124	2024053902	基于 LSTM 的氯离子浓度监测预测平台	海南大学	雷瑾楠，吴昆玮，于浩然，卢宥先，汤璟珩	徐紫枫，宗成利
125	2024053952	E-api 接口开放平台	天津大学	麻博，张子涵，刘陈一，许牧青，熊妍	李杰
126	2024054121	基于 Web3D 的粒子探测器和物理事例仿真系统	湖南科技大学	谢宁桑，彭可，聂春晓	傅伟，张琼冰
127	2024054147	云端升降：电梯守护神的虚拟维修工坊	武汉工程大学	周真贞，姬庆杰，王彦霖，曹冰颖，曾予杰	林梦颖，丁子夕
128	2024054302	英语考级小程序	文华学院	袁浩，冉欣娉	代崴，李明明
129	2024054776	基于 VR 的智慧医疗远程会诊系统	云南财经大学	周雨浛，徐疆哲，梁天韦，靳霁翔	杨雨，张献华
130	2024055785	蜜柚——一站式人工智能助手	河北科技大学	王瀚熙，彭志勇，赵鹤翔，张雨萌，刘志鹏	李梦瑶，李颖
131	2024058071	基于计算机视觉的全自动冲孔机多管识别系统	嘉兴大学	胡恒逸，赵茂君，刘胜凯，张雨嫣，李家瑞	杨俊

续表

序号	作品编号	作 品 名 称	参赛学校	作　者	指导教师
132	2024058315	慕课评论方面级情感分析与推荐系统	北京林业大学	李珂珺，李嘉梁，肖文昊，张煜睿	田萱
133	2024058907	如京——一站式高品质京剧文化传播平台	武汉大学	陈子扬，许智尧，赵一田	蒋华，赵小刚
134	2024059559	Diffilm Model——Make Your Movie Clips	西南大学	青鸿菁，刘一含	苟建平
135	2024059817	融智云考——高校智慧考务管理平台	贵州师范学院	罗华青，黄晓晓，沈凯	
136	2024061029	知无央——Z 时代背景下的高校智慧党建平台	厦门大学	董梅，黄婧，杨舒娈	严新金，陈柯宇
137	2024061041	混沌守护者——基于改进 YOLOv7 模型的混沌加密系统	湘潭大学	王思彤，张子豪，夏佳如，李婉茹，魏丽婷	彭越兮
138	2024061131	IMC 智慧井盖监管系统	桂林理工大学	颜昭先，陈秋艳，蓝贤于，黄泰，刘俊豪	唐海华，严继池
139	2024061696	领航者——基于大数据驱动与机器学习的实时人流密度智绘系统	湘潭大学	钟冠夫，曾洋旭，冯维肖，冯昊	王求真，文磊
140	2024062203	智谋未来——基于大模型的 AI 就业导航	防灾科技学院	张元旺，邵文博，谢颖瑶，任玺睿	黄猛，刘帅
141	2024062893	柠知（基于数字化的校园生活圈服务平台）	宁德师范学院	张达峰，邱俊杰，林伟航	肖顺根，谢群辉
142	2024064361	全国公交车实时数据信息查询一体化系统	荆楚理工学院	乔晓阳，李斌斌，艾鑫	余云霞
143	2024064477	乐颐智联安全监管平台	河南大学濮阳工学院	杨振华，陈艳鹏，肖云龙，石啸林，孙海楠	吕定辉
144	2024064711	云耕种植助手：基于云计算平台构建的智能温室种植管理平台	郑州西亚斯学院	宋晓莹，丁佳祥，师京伟，李晨龙，陈天宇	李晓辉，宋小浩
145	2024066828	“智联运输”——物流调度可视化管理平台	梧州学院	杨江瑜，刘观夏，陈诗健，韦方兰	曾庆湖，李秀瑜
146	2024067463	基于全局语义信息的苹果叶片病害识别算法	西北农林科技大学	谭博文，王业强，俞涛，石鑫，郝景新	刘斌
147	2024067523	慧编——在线编译平台	电子科技大学	郭闰航，罗钰浩，钟震，王南钦，宋星洲	周尔强
148	2024067667	“美在眉睫”——睫毛夹适配视觉检测系统	西安理工大学	张佳辰，王若飞，李小萌	肖照林
149	2024067668	智绘红乡——基于自然语言处理融合党史知识库的智慧党史问答系统	四川农业大学	李萍，杜一帆，程义芸，周华梁	周蓓
150	2024067690	金睛财务——基于联盟链的企业财务监管系统	成都信息工程大学	范煦堂，唐涌智，罗彧，操祥睿，梁琪	汪凌锋，刘强

续表

序号	作品编号	作 品 名 称	参赛学校	作　　者	指导教师
151	2024067694	职能星图•智引未来——基于深度学习语言模型的大学生就业能力评价和职位推荐系统	西南交通大学	苏晨旭，黄俊迪，金柯阳，程成钢，沙际月	王恪铭，吕彪
152	2024067720	中央空调智慧控制系统	西安科技大学高新学院	陈星昆，刘怡洁，许高淳	袁建民，孙龙杰
153	2024067774	运动动作指导系统	东华大学	郭旭阳，刘宇轩，刘悦扬	陈德华
154	2024067801	基于深度学习的蛋白质可溶性预测	华东理工大学	张珈铭，李慧静	范贵生，虞慧群
155	2024067805	WeTrekker 徜祥行旅——您的旅行指南与多人智能路线规划助手	上海财经大学	刘及雨，骆齐晖，曾昶旸	李艳红，贺江宁
156	2024067863	狮友——智能舍友匹配系统	华东师范大学	郑腾雄，林靖凯，王雨晨	彭超，朱莺
157	2024067891	智慧算法训练云平台	上海理工大学	周欣雨，魏秋桐，杨鑫荣	张国凯，赵海燕
158	2024067905	在线钻井井控模拟培训系统	西南石油大学	倪玉嫣，江晨宇，唐林，刘岷鑫，孙禹熙	张静，贾月乐
159	2024067911	基于机器视觉的淤积车辆检测平台	上海第二工业大学	姚杰，张运佳，周佳豪，钟倩，李嘉星	卢方，罗京
160	2024067916	丰收智约——智慧农业互动平台	上海财经大学	陈双双，田唱，田媛，梁剑，刘学昕	王淞昕，刘桦
161	2024067964	基于 UniApp 与 SpringBoot 的线上就诊系统	上海建桥学院	林恒立，巫金淼，张行，胡雪，张凯鹏	朱丽娟
162	2024068007	一笔鉴迹——手写汉字美观度评价与交流智能平台	上海海关学院	武子俊	曹晓洁，汤冬劼
163	2024068049	“易知”——面向高校重点关注学生的共享谈心谈话系统	长安大学	杨江天，赵文翠，张德娜	杨加玉，陈婷
164	2024068060	基于智能体的贝比医生育儿小程序	成都理工大学	于梦凡，邬兆望，侯婷，王志民，缪蕊	温泉，黄于鉴
165	2024068084	智图职引	电子科技大学	郑佳颖，刘泽栋，吴珈慧，梁家奕，林哲帆	傅翀
166	2024068093	基于文本生成式 AI 大模型的 Github 源代码分析及可视化平台	宜宾学院	胡志豪，张清富	任春华
167	2024068108	基于空间位置的液体表面张力算法创新	西南交通大学	林志远，许峰耀，龙圆杰，曹鸿翼	吕彪，崔雅静
168	2024068111	小音书：专业的一体化音乐平台	上海大学	杜佳杰，邱姜铭，潘文慧，曹以成，王锐	高洪皓，方昱春
169	2024068142	墨韵踪迹	上海海事大学	蒋玮杰，洪一芃，顾梓阳	章夏芬

续表

序号	作品编号	作 品 名 称	参赛学校	作　者	指导教师
170	2024068269	基于故障知识图谱的飞机排故助手App	空军工程大学	贾宇航，孙璐雪，陈执，崔文硕，王灵军	谢小月，唐希浪
171	2024068276	HarmonyCare 智慧康养系统	上海杉达学院	肖旸，张晨旭，林峻屹	祝欣蓉，龚沛曾

12.1.11　2024 年中国大学计算机设计大赛数媒动漫与短片一等奖

序号	作品编号	作 品 名 称	参赛学校	作　者	指导教师
1	2024000053	古数华典	广东外语外贸大学	林锦耀，李佳佳，王希，李杨，蔡芷珊	李宇耀，黄伟波
2	2024002181	数守盈虚	大连海事大学	刘章，周家葆，王仪暕，李昊阳，王娅	王伟，朱斌
3	2024003986	小算盘大智慧	江苏第二师范学院	李希彦，冒炎，段紫瑄，陈凯琳	吴巍莹，单翠萍
4	2024006411	辉映数海：杨辉的传奇人生	南京艺术学院	胡馨雅，管谦，韩静雅，刘欣旋，环语彤	卢文超
5	2024008463	珠玑智韵 勤坚传世	南京医科大学	王晨宇，李欣欣，季冉，李戬文，王浚哲	胡晓雯，管园园
6	2024028684	咫尺乾坤，器宇天下——中国人的数学测量智慧	华中科技大学	邓盈颖，曹思颖	张健
7	2024037263	数海扬帆：科学探索新篇章	潍坊科技学院	丁爱玲	王晴，王旭东
8	2024037289	古数乐闻之圆周率	东北大学	郑煜馨，王盈，薛清木，代安娜	樊丁宜，谷会敏
9	2024041353	鱼几何钱	厦门理工学院	刘嘉富，卢振广	杨东
10	2024050610	求其所极 行其所愿	海军航空大学	袁茂德，李元彬，周尚	李祁，邢翠芳
11	2024053588	圆方之比，天地之合	华中师范大学	樊智康，罗宸睿，万奕萱，王若濛	王逊，王翔
12	2024055491	古卯数韵	华中师范大学	郑喆佳，吴凌昊，杨盈盈，赵楠，王佳钰	王逊
13	2024059664	珠玑流转	南昌工学院	贾方渊，李欣，吴薇，苏宇轩，刘熙	夏雨利，倪立
14	2024066399	算圣	昭通学院	陈鑫，李晨，陈星，袁常伟，罗安武	万璞，王元亮
15	2024067493	数海星河	陕西师范大学	孙雨琦，汪亭宇，卫彤，马漩蓉，何佳霖	卢恒，曹菡

12.1.12　2024 年中国大学计算机设计大赛数媒动漫与短片二等奖

序号	作品编号	作 品 名 称	参赛学校	作　　者	指导教师
1	2024000845	巾帼数韵	重庆大学	谯雨佳，纪小璐，唐瑾薇，龚玥月，朱丹娜	耿鹏飞
2	2024001811	檐下数韵	广东外语外贸大学	邱芷慧，李厚鋆，梁师朗，潘朗，张艺芸	何钢，刘江辉
3	2024004185	祖冲之与圆周率	滁州学院	王萱瑄，高良威，王雅睿，施跃然，叶凌娟	陈一笑，刘竞遥
4	2024004666	九久相传	辽宁大学	何潇玥，郑博玲，王小瑜，才逸霏，任政鸿	周应强
5	2024004673	碰碰碰，谁赢了？	湖南师范大学	朱家滢，李东林，胡韵泰，张天琦，周远鑫	龙念
6	2024005542	寻古溯今——探寻跨越时空的比例美	南京工业大学浦江学院	周沅可，周丽华，王鐘民，周子倡	马明旭，李奇
7	2024005888	建筑中的古代数学密码	怀化学院	毛瀚彬，傅心怡，陶书涵，曹靖	余聂芳，李晓梅
8	2024006409	仰望星空的人	徐州医科大学	王敏，程欣然，赵陈	刘伟，孟晓静
9	2024006522	运筹	广东外语外贸大学	曹庭春，林烨，熊宜靖，邱雪菲，蔡淳欣	李宇耀
10	2024008440	九章奇遇记	南京师范大学	李星男，顾梓含，赵晶晶	杨晨，冉达
11	2024008444	寻本溯源话勾股	安徽师范大学	杨爱娇，朱文静，徐航，任玉兰	许之民，席鹏
12	2024008687	不想学数学	深圳大学	彭瑞圆，蔡逸潼，陈可莹，杨慧婷，邓芷萦	李冰
13	2024009583	割圆术	南京邮电大学	解赠旭，刘贵瑶，王影，安可心，李梦娇	戴金玲
14	2024010097	“剪”说九章	江苏大学	王卫华，陈康宇，王敏聪	孙凤娟，王华
15	2024010953	探寻无限	深圳大学	杨文君，张楠	廖红
16	2024011274	双星记	河北大学	张子璇，王晓萌，谭雨函，胡风，张贺飞	闫楠，许珂
17	2024011969	算法统宗•浮生百绘卷	广州应用科技学院	赵荷静，区嘉怡，简瑾，邓雨同，刘昱含	林熙，史云昊

续表

序号	作品编号	作品名称	参赛学校	作者	指导教师
18	2024013046	指尖上的智算秘语	南京邮电大学	佘爽，胥盼，李烨华	周灵，卢锋
19	2024013431	千年遗泽，数算华章	中南林业科技大学	范晶晶，刘宇旭	徐卓农，黄洪旭
20	2024013940	勾股奇缘	新疆科技学院	张喆，张嘉琦，孙宇欣，徐梦瑶，张予馨	王丽楠，刘付勇
21	2024014070	探寻中华非遗——珠算	江苏大学	马琲瑶，何梦颖，曹韩芝，赵娅君，丁咨文	王华
22	2024015272	小小弦图证勾股	武昌工学院	熊娜，刘超然，丁红伟	闫春爱，汤萍
23	2024015833	小圆的无穷宇宙	广东科技学院	林晨，杨雨桐，莫嘉瑜	罗永彬，肖波
24	2024015861	勾股方圆	沈阳化工大学	邢和鑫，沈翠翠，吴锐，李慧馨，刘倍源	郭仁春
25	2024016961	宿舍辩论起风波——探讨中国古代数学大师	北京工业大学	谢婷钰，张旖旎，马宇轩	李颖，张朋
26	2024017196	大国数算——刘徽篇	中国医科大学	徐鑫迪，王澜，潘春霞	徐东雨，张志常
27	2024017865	纵横知数	南京信息工程大学	陈感非，谷彦瑾，张中煜，黄俊翔，袁昊宇	李霞，邸平
28	2024021866	勘当咏絮才	南京林业大学	宋子墨，吴海芬，王翊轩，黄一梦，黄梦柯	黄霁风，黄瑞璐
29	2024023974	事类相推，各有攸归	徐州工程学院	于硕硕，黄煜晨，阮昊，黄鹏	张显卫，刘阳
30	2024024029	余理古影录	海南热带海洋学院	张娅鑫，朱子妍，颜鹰，黄蓉，王政沣	田兴彦，杜红燕
31	2024024120	万物之圆	安徽外国语学院	王孝鼎	李维敏，栗瑞芳
32	2024025273	“数”往知来——勾股	安徽大学	李唯寒，夏睿涵，郭佳佳，陈竹，徐京	王艳芳
33	2024025994	珠算奇旅	辽宁工业大学	刘晓涛，董靖娜，刘璐	刘耘
34	2024028898	中国古代数学的里程碑：九章算术	重庆理工大学	徐翌朗	曹琼
35	2024030773	谈圆论数	哈尔滨工业大学	江雨丹，张家颜，仰悦扬，周桐羽，李佳怡	胡郁，司峥鸣
36	2024031967	孔庙寻数	北京语言大学	何奇泽，赵文逸，任艺航，潘沛鸿，邵婧	张海华

续表

序号	作品编号	作 品 名 称	参赛学校	作　　者	指导教师
37	2024032484	中国古代数学之言约旨远	广东药科大学	胡僖桐，甘德钰，梁欣琳，江依琳，吴晓丹	张丹，陈畇燚
38	2024033958	祖冲之与圆周率	沈阳航空航天大学	焦兰淇	吕锋
39	2024034166	千年智韵·方程古今——从线性方程到北斗导航	战略支援部队信息工程大学	禹舜逸，张博文，刘坤炜，王艺璇	张海龙，胡浩
40	2024034677	九章幻旅	广东东软学院	陈军浩，林晓锋，苏丽军，江婉琪	崔鋆
41	2024034748	数书九章·绝学回响	黑龙江大学	黄馨毓，左洪图，董昕，胡雨柔，付新凇	荀瑶
42	2024035017	老钱的小算盘	中南民族大学	郑爽，潘宇，梁正辉，吴梅祯，陈李欣谕	吴涛
43	2024035329	刘徽——割圆研注，继圣绝学	东北大学	高若萌，谢欣然，张誉宸，李嘉欣，霍佳禄	邹琳琳，霍楷
44	2024035436	藏在故宫里的数学	保定学院	王简宁，郝思雨，黄思雅，王新迪，徐赵帅	王禹洁
45	2024035765	品九章智韵，忆民生古算	中北大学	许林伟，董书耕，翟洪，王媛元，孙晨茜	张丽君，黄晴
46	2024037249	领略古代数学的风采	潍坊科技学院	刘菀钰，宋梓超，刘皓洋	王旭东，王晴
47	2024040166	李冶的难题	沈阳师范大学	李兴禹，马雨婷，李依璠，王艺璇，吴汗	白喆，吴祥恩
48	2024040746	筹谋幄下，幻绘东方——算筹与幻方的千年时空纵横	东北大学	柳彦行，杨文涛，江文焱，邵茵琪，于瀚博	冯宏，霍楷
49	2024041474	曹冲称象	厦门理工学院	杨怡琳	姬喆
50	2024043182	瓶子小剧场之圆周率	福建农林大学金山学院	吴佳仪，陈均钧，陈佳茳，陈虹尹	杨亮，蒋昌玎
51	2024043408	鸡兔同笼	桂林理工大学	韩祥源，朱金阳，毛宇萱，逯欣恬	夏雪，张鸿泽
52	2024044341	望知敌众	海军航空大学	郭建华，罗锦新，吴正伟，田海洋，韩润晨	吕海燕，赵媛
53	2024046660	一直到繁星璀璨	河南财经政法大学	陈畅，姚佳林，马明涛，桑楠，李涵	任剑锋，陈志垠
54	2024046710	秉烛待旦	黄山学院	桂汉钦，罗荣嘉，张汪远，吴函芸，朱甜甜	陈庆泓

续表

序号	作品编号	作 品 名 称	参赛学校	作　　者	指导教师
55	2024049975	贞仪	黄山学院	陈西麓，李金蔚，杨凯乐，孙雨婷，田文晴	刘罗玉，江璐
56	2024052531	苏码密语：寻踪京张铁路	北京体育大学	李琳，李芯桐，单昕，张依佳，沈绍怡	徐明明
57	2024053134	九章遗韵	浙江科技大学	曹可清，杜理阳，王梓铭，张沛麒，张露	刘省权
58	2024053492	七巧	武汉传媒学院	黄嘉乐，徐腾，沈忻沂，胡澜，高云鹏	张沅逸，刘玫材
59	2024053651	蝶几传	福建师范大学	林佳丽，梁语萱，连钰滢	翁东翰
60	2024054780	一日游	宁波大学	罗梓蔚，徐佳沁，邱清泉，吴文涛，蔡佳怡	邢方
61	2024054985	守秤为公	武汉传媒学院	朱振涛，金瑞贤，赵克寒，郭宸希，李思诺	于昊，华震东
62	2024054994	算盘里的传承	武汉传媒学院	毕俊杰，罗洋，邓富超，常嘉馨，龙亮颖	廖文迪，刘玫材
63	2024056228	算法之韵：程大位传奇	福建农林大学	王欣，林锦萱	高博
64	2024057507	古珠新算	中央民族大学	龙官浩，蒋泽平，胡茗骞，田泽川，郭思宇	吴占勇
65	2024057921	算脉传承	保山学院	陈亚，张东云，兰正玉，李龙莹，马梦娜	施春朝，李怡宏
66	2024058674	循律——寻率	曲靖师范学院	陈安洋，秦国聪，杨维，陈思莉，陈亚琳	周庆芳
67	2024059065	科学救国——李善兰	玉溪师范学院	徐恒鑫，兰玲祎，何城，毛林锐	马静，程希楠
68	2024060603	好•数	延边大学	孙铭，蔡明镜，刘苏雅，金源惠，金恩实	徐善针
69	2024061786	《试神》二维动画	厦门理工学院	周雨霏	杨东
70	2024061814	山巅一寺一壶酒尔乐	天津职业技术师范大学	张诗琪，王若茜	郭桂英，高婧
71	2024063492	点兵加密——穿越千年的中国剩余定理	云南民族大学	王冬梅，胡晓丽，王辉，和娇，汪倩倩	潘小霞，张广求
72	2024064154	解密杨辉——数学巨匠的故事	云南民族大学	施冬梅，郑光健，孔祥声	宋晓双，贾丽娟

续表

序号	作品编号	作品名称	参赛学校	作者	指导教师
73	2024064668	古数华章	郑州工程技术学院	唐鉴，符铭宇，吴泰轩，孙道辛	冯美，丁雪艳
74	2024064756	血月之谜	昭通学院	赵斌，刘兴悦，潘春玲，郑军达，李澍	刘音序，李鑫
75	2024065205	珠影流年	曲靖师范学院	潘纯文，宁蓉，岳喿，潘静兰，刘颖	周庆芳，何锐
76	2024067393	以数为媒	西北民族大学	黄馨瑾，赵知画	杨志宏，崔永鹏
77	2024067679	探寻中国古建的数学文化密钥	西安建筑科技大学	王一凡，高佳怡	王可，王慧琴
78	2024067776	筑梦九章，韶华依旧	西南财经大学	褚家杰，蔡易非，戴佳欣，王萧莹，周星彤	王涛，黄宇
79	2024067798	流芳千古——一代宗师刘徽的数学传奇	空军工程大学	王嘉伟，廖文浩，彭振轩，朱铭宇，施展	拓明福，张红梅
80	2024067923	寻记古著·数解迷途	西南医科大学	蔡房锦，杨雨涵，杨雅迪，干佳鑫，龙佳成	袁红，李瑾
81	2024067931	简史·妙算圆周	武警工程大学	李浩然，胡耀威，邓佳诚，卜振洲，张晨雨	李永，翟红
82	2024067967	珠算：指尖上的智慧	四川师范大学	徐靖云，李若桐，熊宝怡，刘悦潇，黄乐轩	杨肸星
83	2024068022	小棍上的中国古代数学智慧——算筹与筹算	东华大学	宋悦，张曙卉，顾云舒	吴志刚
84	2024068046	绝代女史的数学杰作	空军军医大学	张敬雨，鞠博文，李仕华，焦云磊	徐肖攀，宁玉文
85	2024068096	寻数大千，传兴其下	武警工程大学	张益赫，范昊勋，曹泽军，王榕鹤，赵泽林	吴启武
86	2024068200	算学菁华录	上海财经大学	袁思祺，徐政宇，曹枨	刘桦

12.1.13　2024 年中国大学计算机设计大赛数媒静态设计一等奖

序号	作品编号	作品名称	参赛学校	作者	指导教师
1	2024010351	数蕴天地·绎应万物——园博之数学趣园设计	江苏大学	贺琳，陈晓洋，陈思佳	韩荣，徐英
2	2024019181	之绘千秋	海南师范大学	张喆，刘笑菲，张乐乐，王歆岚，黄雨湮	张清心，侯志国

续表

序号	作品编号	作品名称	参赛学校	作者	指导教师
3	2024019545	朱朱的数学奇遇记——探索中华古代数学智慧	燕山大学	张训讯，吴凯玟	王桂莉
4	2024024954	“古算星辉”——中国数学之光	山西财经大学	赵瑞年，刘敏君，王梓州，吴邦政	吕亚丽
5	2024031924	数界奇侠——赛博朋克古代数学家	山东科技大学	何宇鹏，邹新凯，张金天，郑广豪，蒋金澍	刘彤
6	2024032297	数以载物	黑龙江大学	阎红心，郭见智，赵明泽	荀瑶
7	2024035800	数韵流彩	东北大学	宋佳讯，张梓涵，夏榕	霍楷，樊丁宜
8	2024038651	《海岛算经》系列办公用品	沈阳工业大学	李宇轩，李文，郑知歌，范航	于学斌
9	2024040687	“方寸之间”——阳马模块化办公空间设计	安徽建筑大学	吴佳鑫，郭震东	何梦，鲁榕
10	2024041629	智数奇作 笔墨传薪	东北大学	齐思远，王以琳，赵文暄，李方程，杨欣	李宇峰，霍楷
11	2024049210	筑何同尘	青岛大学	叶成坤，李飞阳，郭文旭	任雪玲
12	2024052321	数韵华章——珠算与四大名著新境	中国政法大学	王晓萌	李丹丹，郑颜
13	2024058557	圆率数韵 星耀中华	中央民族大学	林昕懿，崔可歆，朱赟	卢勇
14	2024062405	最强大脑祖冲之——ip 形象设计	湖北经济学院	余锦垣，谢鼎馨，龚旭	封瑾
15	2024067622	元宋数学四大家画卷	西南交通大学	杨博，魏坤益，冯赞，杨紫涵，翟羽佳	吕彪，刘爽
16	2024068168	数学光芒 照耀千古	西北民族大学	王甜甜，陆欣怡	崔永鹏，王玉

12.1.14 2024 年中国大学计算机设计大赛数媒静态设计二等奖

序号	作品编号	作品名称	参赛学校	作者	指导教师
1	2024000688	非遗•纸尖上的交流	广州商学院	蔡晓玲	翁权杰，周维柏
2	2024001754	方圆之间中国古数学文化展览馆	滁州学院	张鹏成，张若霏，谢梦瑶，刘宁，程扬坤	李晶晶，张珂
3	2024002404	史话七巧板：基于儿童智力开发的绘本制作及其延伸设计	南京师范大学	江可欣，张瑶珈，沈思皓，张宸瑄，梁曦程	陈汉星
4	2024003145	研术学宫	广东工业大学	苏清仪，罗锟，陈韵兮，许秋娜，刘嘉琳	柯婷，张濬哲

续表

序号	作品编号	作品名称	参赛学校	作者	指导教师
5	2024003601	盘声珠韵	南京工业大学	刘珂，刘心雨，王敏慧	张安华，陈默
6	2024004593	“弦图争霸”纸牌游戏	重庆大学	程俊轲，杨怡，崔钰涵	赵一鑫
7	2024004809	古算华章：古韵数学华彩展	新疆大学	牛奇雷，牛永利，徐梓鑫，陈微微，谢莎	郑灵，崔青
8	2024004963	古韵数影	河北水利电力学院	刘泽徐，易婕	马丽
9	2024005566	数韵千年	辽宁大学	杨蕊，刘婧曦	王小雨
10	2024007469	策筹之思	湖南师范大学	张思敏，李一童，武世明	薛嘉
11	2024008107	北斗•数络园——数学文化科教展览中心	武汉理工大学	赵一璇，周冰融，王子月	周希霖，彭强
12	2024008469	长卷绘圆	南京医科大学	范蕴文，杨予晞，李沐	胡晓雯，汪旭
13	2024010876	卜算据典 神机通玄	大连医科大学	刘欣雨，毕圣杰，孔馨	刘路遥，刘立伟
14	2024011087	古智四韵，算道日新	中国地质大学（北京）	徐莹，项愉童，路曦，张超	孙大为
15	2024011564	数华流韵——追寻北京中轴线古典数学印痕	华北水利水电大学	曹瑞，赵鑫鑫，赵思帆，荆鹏，李万广	张月莹，李海昆
16	2024012127	古数妙章，山河礼赞	华南农业大学	黎杨倩，黎曦健	张慧玲
17	2024012368	数与形——中国古代数学文创设计	喀什大学	彭思田	赵鹏，杨昊
18	2024012560	古韵数绘	东北林业大学	赵育良，王秋彤	孙海龙
19	2024012837	益趣集	广州工商学院	蓝紫淇，陈迦，江桂蓝，邬天翔	冯桂兰，易巧
20	2024013983	撷数于古 绘美于卷	南京医科大学	周秋男，邵野，徐艺航，孙晨轩，顾田然	胡晓雯，张婷
21	2024015563	茗为归一——茶叶包装创意设计	新疆理工学院	刘铭，赵永泉，胡捷博	张浩，伍妍姿
22	2024017843	传统文化，扬数学之美	福建师范大学	李俊坤，章怡昕	陈凤斌，杨启凡
23	2024021265	东方数韵	燕山大学	梁欣然，李诗琴	王桂莉
24	2024022003	朔光逐影	长春光华学院	王雪，邵荣鑫，胡清华，刘子睿	李倩，王雪
25	2024022710	数算精深，智韵长存	山西财经大学	司卓雅，程镜蓉，靳一佳，徐鹏鑫	常利伟
26	2024023555	弦歌不辍	常熟理工学院	李梦圆，顾嘉怡，张思廷	马建梅，王天赋
27	2024024266	光遇——公共设施小品艺术座椅设计	合肥大学	张越悦，陈佳慧，杜佳欣	田文，水源

续表

序号	作品编号	作品名称	参赛学校	作者	指导教师
28	2024024412	神兽数韵·古算新绘	南京工业职业技术大学	孙怡鑫	陈轶，宋宇辰
29	2024025060	知数更——数学文化启蒙智能交互玩具	哈尔滨工业大学（深圳）校区	井思诺，朱柏臻，李诗琪，蒲政声	张霈，倪尘
30	2024025339	以史为体——中国古代数学文化展馆设计	河北工业大学	刘安然，张晨曦，焦洋洋，李康迪	赵琳
31	2024026187	古韵数影	华北水利水电大学	王敬一，郭家旭，李欣珂，莫凡，孙莹莹	张速，陈赛男
32	2024027401	智数华夏：中国古代数学巨匠风采录	阜阳师范大学	韩雨，何洋洋，牛璐璐	谢建
33	2024027971	数韵七巧	哈尔滨工业大学（深圳）校区	童译漫，毕雨萱，陈珅，陈相如，杨舜茹	钟梦蕾，谭有恒
34	2024028422	筹算密韵——中华传统数学元素键帽	海南师范大学	李铭	薛以胜
35	2024030065	数学牛霸康熙帝	安徽艺术学院	张单单	郑晓丹，张鹏
36	2024030392	圆方算律，数形日月——《周髀算经》文化馆设计	吉林大学	陈正康，尹金平，肖奕萱，付征晨，詹佳慧	李锐，张云生
37	2024030808	控带四时，经纬三才——山东临沂流渚科普公园景观设计	昆明理工大学	唐莹欣，林梓恒，王明慧	王春艳
38	2024031016	徽至——古代数学家刘徽纪念公园景观设计	昆明理工大学	龚晨瑞，李念，周群弟	王春艳，沈堂
39	2024032317	神话密码	黑龙江大学	王校育，刘杰，张瀚，贾梓萌	郑伟，田展齐
40	2024032879	日落星辰·器之华彩——天文仪器的数学奥秘	河南财经政法大学	李婷婷，王萌洁，韩一	杨纯
41	2024033235	日晷古影	广州城市理工学院	朱秋璇，邓希瑶	黄海燕，张宇博
42	2024034978	小小天文家——低视力儿童无障碍玩具设计	合肥经济学院	陶孟颖	湛孝春，吕丽丽
43	2024035431	承载数学之光，传递理性之光	云南大学	肖淑怡	庞杰
44	2024036370	几何之韵，圆融之美	浙江传媒学院	廖嘉骏，傅星宇，李天皓，傅文妍，白昊天	罗闪，钱归平
45	2024036658	漫步“和途”——中国古代数学文化展演开放空间设计	黑龙江科技大学	潘昱晓，陈炟，庞天齐，刘赫男，张世安	曲悠扬，卜倩
46	2024039572	算经留青史，几何绘幽径——女儒神算王贞仪	北京邮电大学	刘彦瑶，刘昱洁	李千驹
47	2024040062	智创千秋——中国古代的数学巨匠	武昌工学院	刘奕彤	张明
48	2024041533	千年数学风华	东北大学	梁孜彤，刘馨语	霍楷，杨馥嫚
49	2024041922	经纶秘录：古智传承	中北大学	黎子翔，高人鹤	郭云霞

续表

序号	作品编号	作 品 名 称	参赛学校	作　　者	指导教师
50	2024042024	鞍瑞鸿檐	闽南理工学院	陈昊，邓蕾，何泓霖，颜煌杰，颜周建	林晓芳
51	2024042623	华夏尊者，数宇生辉	青岛农业大学	耿文杰，刘芳瑜，胡博轩，杨友华	杜建伟
52	2024043021	慧珠启智——面向儿童珠心算的交互数学教具设计	北京邮电大学	赵彦泰，刘雨婕，周华迪	郗小超
53	2024043563	幻方共耳 数与寰宇	鞍山师范学院	石敏萱，黄璐婷，张露帆	高翯，王菲
54	2024043738	不“牟”而合	长江大学	杨妍婷，安雪然，周亚航，孙镇坤，邓琪慧	张红
55	2024043813	数学印记	青岛农业大学海都学院	马红云，卢燕文，鲁叶叶，李晓萌	吕娟娟
56	2024045885	丝路寻迹——中国算术国际化传播立体书	杭州师范大学	张滋和，包乾琳，钱品妤，孙妙涵	姚争为，袁庆曙
57	2024046373	中国古代数学——探索圆周率规律的数学家人物 IP 形象设计	厦门大学嘉庚学院	李恩琪，张明睿，尹继炎，蒲刘美美，常欣欣	景银，徐骁琪
58	2024046424	华夏数魂，智慧华章	青岛农业大学	刘书洋，徐若婷，秦怡然，白羽萌	杜建伟
59	2024048900	程大位	黄山学院	杨炎炎，唐晨，冯恩智，王欣月	李春燕
60	2024050076	时•吟	青岛大学	山珊	任雪玲
61	2024051481	古数撷英——智者之辉插画集	中国政法大学	惠子轩，张悦洋	郑颜，周果
62	2024051599	轻舟已过万重山	长春人文学院	纪煜镜，王亦心，王禹欢	牟磊，赵慧南
63	2024052221	数界之中	聊城大学	许文静	崔若健，孙秀霞
64	2024052339	藏在建筑里的古数美	池州学院	陈长雪，王雪纯，曹欣婕，陈杭	徐玉婷，舒鹏飞
65	2024052616	算数趣谈——中国古代数学典故海报	德州学院	高山，侯典淼，潘凯传	李庚明
66	2024053042	中国古代数学•算数	北京体育大学	汪靓文	刘泽婷
67	2024053985	神武龙腾行万里，聚数为学延千年——中国古代数学成就	北京体育大学	聂润生，张博然，蒲惠竹，李英琪	曹宇
68	2024054088	古籍里的数学	湖北工程学院新技术学院	杨依，付爽，陈秀	王旋，许汉青
69	2024054399	古梦数华——徽音九章，祖韵圆周	山东管理学院	张文娣，张丙艳，李阳，王丽，于熙若	房亚玥
70	2024056229	指尖上的非遗——珠算	江汉大学	王雪，郑羽彤，黄馨仪，李雨宸	严章联

续表

序号	作品编号	作品名称	参赛学校	作者	指导教师
71	2024057582	星汉灿烂——中国古代女性数学家	中国人民大学	陈诗浣，王奕冰，唐慕尧，张艺涵	甘华，段天然
72	2024057806	珠之吉语	湖北美术学院	欧阳杏子，陶舒睿，周慧，吴梦洁	王诚
73	2024057932	万物皆数——从奇巧发明一瞥中国古代数学成就	湖北美术学院	李家敬，何永康，梁雅琪	戴萌
74	2024060665	重生之我在古代学数学	中国地质大学（武汉）	代子晨，刘东健，杨浩彬，姜宙	许洁
75	2024060821	鱼跃轻舞　割圆韵景	福建农林大学	毛威，江宗晟，赵菲扬	陈小英
76	2024062212	天时地利人和	浙江师范大学	潘鸣铮，劳荟如，王雨萱，陈萧鹏	张依婷
77	2024063088	九章 • 薪火	湖北经济学院	杨钰茹，谭艺佳，朱双晶	曹余阳，封瑾
78	2024063248	中数十二率	福建理工大学	张琳静，张歆湲，赵玉婷	熊敏
79	2024065983	数理千秋——中国古代数学名人系列海报	云南艺术学院	谷雨，陈意翔，周佳琪，毛灵	王锐
80	2024066608	九章算术	保山学院	罗开胤	施春朝
81	2024067109	数传于书，承于心	桂林信息科技学院	邱泓霖	李辉
82	2024067581	数界浮光——数学巨匠与敦煌艺术的交织	火箭军工程大学	张家瑄，程子浩，陈展葵，范耀天，李硕	张越，王忠
83	2024067826	寻迹 • 中国古代数用之美	空军工程大学	邹宇晟，张万里，李月帅，许文阳，于事成	张耀元，赵永梅
84	2024067955	算术春秋——魏晋数学家人物传	西南交通大学	陈一，王智煜，王锦宇，金鹏帆，管翊璇	吕彪，甘升碧
85	2024067986	和风峦间过　四方院中游——基于象数理念下的会理市文化中心建筑设计	西南民族大学	林依洁，彭小珂，吕良彪，刘晓俊	熊健吾，张堙
86	2024068094	创艺古数	西南交通大学	陈斯诺，王静怡，陈荟竹	李芳宇
87	2024068135	NFT 数韵——智术谱九章，华算写千秋	西南财经大学	刘继博，桂芯钰，李嘉琦，杨欣雨，李孟骏	王涛，黄宇
88	2024068213	“巧算”儿童乐智水壶	成都大学	贺晞津，周丽	张钰粮
89	2024068245	割圆并方求勾股，统宗精算融群经	空军工程大学	李昊成，代子烨，陈基文，吴安博，潘芃羽	张耀元，拓明福
90	2024068247	《九章算术》书籍装帧设计	西北大学	贾潇彤，赵近江	陈欣

12.1.15　2024 年中国大学计算机设计大赛数媒游戏与交互设计一等奖

序号	作品编号	作品名称	参赛学校	作　者	指导教师
1	2024000234	匠造	周口师范学院	聂麟霄，苗语凝	殷秀叶，郭晓宇
2	2024019877	古道寻数华章	烟台大学	马仁凯，王泽寅，翟文硕，杜昱良，刘依瑄	谭征
3	2024024782	算•韵	南京艺术学院	伍子瀚，王婧宜，陈锐庭，施润泽	曲志华
4	2024028810	数字逆旅，一苇以航	安徽大学	王欣悦，陈紫阳，赵金阳，田金阳，王沛荣	孙辉
5	2024033657	“执”尺天涯——情景式测望 AR 教学积木	杭州师范大学	陈文婧，汤乾能，陈菡妤，龚锦一，胡佳怡	袁庆曙
6	2024047622	六体寰图	杭州师范大学	何健，黄佳丽，王靖怡，邵怡宁，袁铭欣	袁庆曙，李颖
7	2024053147	珠算筹	重庆大学	李忻芮	陈远
8	2024057831	方程行者	北京航空航天大学	胡斌，肖沐风，王希如，袁喆	邹玲
9	2024064039	数术记遗 VR	梧州学院	李曼，李粤，容柏荣，池锦，刘静茹	宫海晓，邸臻炜

12.1.16　2024 年中国大学计算机设计大赛数媒游戏与交互设计二等奖

序号	作品编号	作品名称	参赛学校	作　者	指导教师
1	2024000374	圆宇宙“π”上大用场	广东外语外贸大学	吴雨欣，何锦欣，黄文浩，黄子芊，谢铠	娄会东
2	2024001321	VR 博物馆——古数灵境	南通大学杏林学院	刘志伟，唐煜轩，李东盛，唐欣怡	罗达峰，陈晓勇
3	2024003288	数学守护者	辽宁大学	赵一豪，韩竞霄，王若昕	万明
4	2024004456	数海拾遗	华南师范大学	朱皓颖，成芸萱，李聪逸，陈紫欣，杜兴荣	李琴，杨桂芝
5	2024004669	登肩	华南师范大学	邓展鹏，曾荣发，郑苗钦，兰青，黄宇琛	张洋，李琴
6	2024005606	古算新境	武汉理工大学	张紫萱，张雨欣，秦皇民	徐进波，粟丹倪
7	2024006374	数谱传奇	肇庆学院	柯奕怀，谢伟健，李璐妃，陈迪，蔡炜俊	梁燕龙

续表

序号	作品编号	作品名称	参赛学校	作者	指导教师
8	2024007699	九章谜思	南京邮电大学通达学院	倪雨欣，陈皓钏	陈正凯，韩腾跃
9	2024008035	数游古境	哈尔滨工业大学	焦佳慧子，尹宝林，张可，徐广涵，胡展傲	王晨
10	2024008289	数学华章	南京航空航天大学	蓝鼎，郑宇涛，孟想，徐孙慧，毛竞竹	汪浩文，耿飞
11	2024009383	溯华寻数	郑州航空工业管理学院	刘金山，薛静怡，钱羿丞	史军勇
12	2024009555	数书梦随记	安徽建筑大学	聂玉馨，战俊宇，欧彪，赵浩然，裴文涛	程远，章曙光
13	2024009739	九章奇旅记	浙江工业大学	张沐祺，丁玄一，冯家华，张賨斌，赵茂伶	吕欣，徐俊
14	2024011181	算策江湖（华夏幻想算法录）	中国地质大学（北京）	魏子航，马培轩，李帅，滕俊宁，辛梓晨	王振华，郭辉
15	2024014247	基于GPT智能交互的中国古代代数计算与几何测绘虚拟体验馆	郑州航空工业管理学院	郝树森，张田野，马壮，邵志昊	赵学武，马腾
16	2024014577	古数迷踪——旧书院	河南大学	赵春己，贺树一，岳卓佳，张逸冉，俞添祺	李涵，张松
17	2024014718	数韵	喀什大学	刘亚博，郭艳艳，马雨婷，热则耶•库尔班	钱博颖，邓伟
18	2024016289	算草数渊——基于Unity的中国古代数学博物馆	江苏大学	崔彤，杨帆，陶思宇	周航
19	2024016674	数境寻踪	安徽建筑大学	李晓雅，杨媛媛	钟新，刘宁
20	2024018634	智算寻章	南京信息工程大学	路清媛，袁浩钦，安馨悦，吴迪，秦嘉珮	陈先意，王保卫
21	2024019119	数迹长廊	内蒙古大学	马梓涵，秦旭，董越，李庆余，赵文斌	义如
22	2024019521	中国古代数学博物馆	南京传媒学院	方立，苟红梅	董丽花，宋燕燕
23	2024022087	珠算经纬	内蒙古大学	丁锐锐，贾径懿，翁喆，阮剑，刘国伟	崔波
24	2024023000	几何之道	杭州电子科技大学信息工程学院	楼佳怡，张蕾，张梦哲，周若晗，鲁豫茜	孙志海

续表

序号	作品编号	作品名称	参赛学校	作者	指导教师
25	2024024059	郭守敬的数学星空	南京工业职业技术大学	杨桔楠，刘俊成，田宇乐，王心想	赵欣，宋宇辰
26	2024024617	数学之梦：古代的星辰	中国传媒大学海南国际学院	詹蕙嘉，孙昊禹，王霆	朱永贵
27	2024025036	数学之光：郭守敬的数学之旅	北京工业大学	季月含，杨燕燕，马俪铭	齐娜
28	2024026312	数起数落	河南理工大学	唐一博，李佳杭，蒋东旭	左伟芹，王新掌
29	2024027303	述数之旅——基于 VR 设计的数学数字沉浸式展厅	重庆机电职业技术大学	唐豪，符湘，梁慧琳，杨敏，熊鑫	王海锋，杨成斌
30	2024028369	古数星辰：探寻数学瑰宝之旅	湖北经济学院	陈俊阳，钱奕鸣，吕宇峰	陈婕，王茜
31	2024028630	梦寻九章	渤海大学	梁德恩，焦诚，夏婧玟，王子慧，王月	姜参，李大庆
32	2024028829	古代数学博物馆	广东东软学院	林烨森，刘付天，孙铭聪，徐文硕	魏菊霞，向燕飞
33	2024030213	游九章，品古数	华中科技大学	余玥璇，何静雅，夏雷茜，沈雨佳，黄嘉怡	王朝霞
34	2024031079	探数：失落之章	海南热带海洋学院	王政沣，黄蓉	杜红燕，田兴彦
35	2024031467	九章遗梦	浙江传媒学院	王更岭，高阳洋，李奕童	荆丽茜，李铉鑫
36	2024031635	古韵今辉：古建筑中的数学奥秘之旅	浙江传媒学院	郑晓萱，吴晓蓝，赵娜娜，魏榕	马同庆，荆丽茜
37	2024035392	数韵九州，墨迹千秋	中南民族大学	李雨寒，陈文茜，肖娜，姜兴坤，李泓锦	田晓梅，江小平
38	2024035507	中国古代数学体验馆	安庆师范大学	马何琳，程福香，谢玲玲，郑雨茄，毕玉洁	王广军，汪文明
39	2024037059	中国古代数学通识课之虚拟课堂	安徽大学	韩博翔，许义稳，王萱，张文秀，吴豪	于蒨，汪志宏
40	2024038304	缀术奇缘	三峡大学	谭智朗，赵俊宇，袁家赫，孙丽恒	李碧涛，林瑞
41	2024039313	古算奇谈	辽宁理工学院	杨欢，陈雅轩，刘梦娟，许庆鑫	崔兴全，郤丽
42	2024043145	华筹幻梦	梧州学院	周袁华，苏金妹，韦梦丽，韦嘉娟，周水英	贺杰，唐静
43	2024044582	算途志学	山西大同大学	刘辉，魏琦颖，王思怡，王霄霞，张子新	赵慧勤

续表

序号	作品编号	作 品 名 称	参赛学校	作　　者	指导教师
44	2024045484	天玄四关	北京林业大学	汪可芮，赵三乐，黄诗园，陈柔吉，翟芮	淮永建
45	2024046612	智算客栈事	中国传媒大学	刘倚辰，梁馨月，谢雨彤，唐果，李沛原	陈京炜，张兆弓
46	2024047552	华夏算藏 数字新生——中国古代数学虚拟数字博物馆	杭州师范大学	蒋世杰，林益，吴佳涛，陈东旭，陈尔灏	孙晓燕
47	2024048983	HelloMath	福州大学	李琛，徐鸣翌，王姝琳	何俊，王倩
48	2024052263	九章风华录——《九章算术》数学知识探幽	北京体育大学	刘若宁，程旭莹，陈昱帆，钟怡，唐歌	庞明慧
49	2024054851	穿越数学：古代智慧的 AR 之旅	河南工学院	杨庆洁，罗娣	安德宇，王晓雷
50	2024055713	基于 Unity 引擎的古代数学科普游戏《珠算江南》	北京林业大学	金叶，刘艾琳	淮永建，聂笑盈
51	2024056042	遗风数界	陆军军事交通学院	张之翎，王伟恒，聂昱歆，芦帅锡，王涵雨	阚媛，崔斌
52	2024058911	数夕拾野	山东工艺美术学院	索子彦，李姝凝	
53	2024060671	数探奇缘：智慧迷宫	郑州大学	李俞霖，蒋思凡，李圳，付宽，雷培研	路书祥
54	2024062583	星影百绘	中国传媒大学	李远哲，王柏惠，董俊喆，张墨竹，柯佳瑞	陈京炜
55	2024063682	术梦寻光	桂林理工大学	梁金满，王子晨，聊雅欣，李佳乐	敬超，陈艳
56	2024067438	寻数遗韵——VR 互动剧情体验之旅	西北大学	宋蔚天，方家仁，王子豪，王琬宁，雷羽田	董卫军
57	2024067583	古数新生——基于虚拟现实的文化传承体验游戏	西安工程大学	王旭康，井佳帅，张金幸，冯煦阳	李德兵
58	2024067602	古算之旅：数谜寻经	四川师范大学	李金芮，撒达玉珍，旷世杰，罗亮，唐宏科	梁智杰，邹俊颖
59	2024067847	古数华章	上海财经大学	卢怡嘉，陈子明，钱伯钊，张子苡，程华炜	刘桦
60	2024067925	古数觅谜	四川农业大学	陈星霓，邓棋文，连梓铱，何佳钰	蒲静
61	2024067982	时空数旅——古今寻真	西南财经大学	王有钰，马丁惠子，白川艳	王涛，黄宇

续表

序号	作品编号	作 品 名 称	参赛学校	作　者	指导教师
62	2024068055	数理奇境	西南医科大学	敬宇轩，黎心怡，陈君怡，张玉嫣，岳炜豪	邓欢，刘帮涛

12.1.17　2024 年中国大学计算机设计大赛微课与教学辅助一等奖

序号	作品编号	作 品 名 称	参赛学校	作　者	指导教师
1	2024002542	《青玉案·元夕》——辛弃疾的家国寻路	南京师范大学	李亦萌，史倩如，潘金萍，李锦秋	蔡健，叶晓玲
2	2024004941	定风波，风雨三重境	中南民族大学	姜静怡，余玮莹，张智睿，韩媛媛，陈硕	邵大为，邵婉霞
3	2024008250	望江南·超然台作	海南师范大学	刘笑菲，丁一，钟飞飞，许锦茹，郭艺迪	罗志刚，周春花
4	2024008686	“梯形”裁新衣——利用转化思想推导梯形面积	江苏师范大学	陈安琪，秦瑞涵	李静
5	2024014867	信息茧房的罪魁祸首——个性化推荐算法	安徽师范大学	李娜，樊绮翘，赵紫晴	徐晟，洪晨
6	2024015000	核辐射技术在农业领域中的应用	南京航空航天大学	宋梓瑜，杜蘅，周然，王婷玉，孟承泽	汪浩文，龚京民
7	2024019986	《行路难（其一）》——行诗仙之路，承破浪之志	贵州师范大学	喻安楠，杨雪	王毅
8	2024023165	循圆索径：周长与面积的几何探秘	哈尔滨工业大学	张嘉益，孙梦瑶，文馨逸，高蕾，何子悦	司峥鸣
9	2024031572	望洞庭	东北农业大学	王飞，耿子俊，朱雪飞，黎佳欣，许文熙	刘晓旭
10	2024032424	三角形的分类	黑龙江大学	高雅淇，陈思彤，张露文	荀瑶
11	2024033137	潇洒送别 豪迈人生	黑龙江大学	冉云杰，王雨涵，张美晨，王思雯	韩净，吴珩
12	2024035543	数学农场中的鸡兔同笼	东北大学	李婧彤，丁传凯，宋龚旭	霍楷，樊丁宜
13	2024037707	“饼”途同归：兔小二的烙饼优化记	运城学院	郝佳，王悦如，唐恩，杜玥欣	廉侃超，韩瑞东
14	2024055105	贪心算法——教你读懂田忌的心	北京科技大学	石睿欣，崔瑾，何田玉，吴嘉仪，梁宇	汪红兵，王昱洁
15	2024060294	黄鹤楼——前世今生	天津师范大学	周宛茜，李昂阳，谈敏华，吴诗雅	梁妍，李楹
16	2024061807	守护呼吸村庄——呼吸道对空气的处理	延边大学	赵欣，代萌霞，刘欣悦，秦悦宬	赵琳琳

续表

序号	作品编号	作 品 名 称	参赛学校	作 者	指导教师
17	2024067683	约瑟夫来朝贺之数融环智盘	四川师范大学	刘阳阳，江可欣，李子恒，祝子彦，赵俊洋	王灏婕，吴长城
18	2024067691	幻视之光——视觉欺骗的科学探索	西南交通大学	王佳烨，刘昕棋，魏欣妍，陈培培，龙耀祖	王恪铭，吕彪
19	2024067755	览西江秋色，悟沧浪孤光	华东师范大学	孙晗笑，林奕航，孙翊华，徐彧，谢俊逸	白玥，张凌立
20	2024067996	江南逢李龟年	乐山师范学院	郑宇，肖奕婷，李艺帆	张贵红
21	2024068044	《客至》——至情至性的纪事诗	四川师范大学	肖一龙，徐柏平，杨帆	郑轶，孙妍

12.1.18　2024 年中国大学计算机设计大赛微课与教学辅助二等奖

序号	作品编号	作 品 名 称	参赛学校	作 者	指导教师
1	2024000077	“免费”Wi-Fi“不免费”——基于ARP 欺骗的中间人攻击技术与防御	广东外语外贸大学	张金纯，陈浩，罗雪怡，陈炯儒	宋鹏飞，吕会红
2	2024000132	一剪梅：红藕香残	大连海事大学	李佳鸿，梁李倩，周涛涛，刘瀚方，袁玮廷	宋先忠
3	2024000639	回声测距	大连海事大学	杨奂荣，孙辛焱	宋先忠
4	2024001117	鸣笛声的秘密——多普勒效应	北京师范大学珠海校区	邝琦，潘诗婷，翁玥婷，阮锱达	陈星火，刘美凤
5	2024002198	团结“蚁”致——蚁群算法协同优化的奥秘	河北工业大学	刘叙增，柴铠琰，翟佳起，韩依彤，张玉晗	王云鹤，袁玉倩
6	2024002593	行路难其一	安徽科技学院	方团囡，梅静怡，朱平磊	方明旺，康佳蓉
7	2024002620	古今梅韵	华南师范大学	钟桐，许泽权，张润冰，郑家宜	张新华
8	2024003497	一曲诗歌引魂何方——唐代边塞诗中悲壮的边塞情怀	石河子大学	时尚，王菁，韩加锴，张思怡，范卓奕	赵福君
9	2024003565	怀乡诗——何人不起故园情	武汉城市学院	温俊杰，王丹怡，陈飞龙，李炎沁	杨华勇，张华丽
10	2024003592	“肺常好”医学科普系列之支气管哮喘	广东医科大学	陈子欣，刘静妍，齐思妙，杨颖怡，区海燕	徐畅
11	2024003668	青玉案•元夕——那年那人	哈尔滨工业大学	张钧茜，郭景奥，牛禹萱	司峥鸣，李松林
12	2024004573	植树问题	惠州学院	李杏凡，巫辉莹	蒲苡禾，李莉
13	2024004672	赋得承载妙文字，考场作文扬美名——《赋得古原草送别》	贵州师范大学	李吉，李佳莉，田景香	黄河

续表

序号	作品编号	作 品 名 称	参赛学校	作　者	指导教师
14	2024004711	心忧天下动古今——《渔家傲·秋思》解读	常州工学院	李欣莹，徐昕奕，薛智予，赵梦雨	谢燕红，岳芬
15	2024005109	VR 骨科手术虚拟实验平台	华北理工大学	周英骏，彭智鸿，刘新	索依娜，吴亚峰
16	2024006343	诉衷情	湖南大学	梁成美，宋秀微，宋秀蓉	谢晓艳
17	2024007301	波动光学可视化演示系统	南京师范大学	王宇轩，吴家盛，马楷晴，赵雨奇	郑爱彬，杨俊
18	2024007772	词绘洞庭景，心澈映天地——《念奴娇·过洞庭》教学微课	北京工业大学	王钧儒，王海琪，王思旭	朱培毅
19	2024008430	健康卫士之免疫系统三大防线	南京医科大学	戎誉，杨辰熙，赵曹雨涵	张婧
20	2024008607	《水调歌头·黄州快哉亭赠张偓佺》微课	广东外语外贸大学	宋博妍，黄文婷，傅子轩，吴美凌，李思思	吕会红，杨汉群
21	2024008879	家国情怀背后的“悲”与“盼”	广西大学	徐硕，檀其园，黄春羚，李伽浔	陈亦愚，姚怡
22	2024011210	典型滑坡区域野外地理学综合实习虚拟实验平台	武汉理工大学	何益珺，罗天乐，李雨擎，何佳蕊	何晓蓉
23	2024011549	光世界历险记之欢欢学反射	江西师范大学	张曼玲，何雯莉，杨彤	郭琴，曾高荣
24	2024011682	古原情怀之《赋得古原草送别》	北京语言大学	解丽莹，郭豫婧，刘青儒，潘周婷	赵慧周，杨玉玲
25	2024012338	呼吸健康与环境保护	首都医科大学	李泽超，董尚为，王梓豪	李丹，信伟华
26	2024012543	讲李白不能只讲李白——《行路难》的古来今世	南京艺术学院	环语彤，王欣欣，徐雨婷	曲志华
27	2024012627	走进代换密码——与福尔摩斯一起断案	江苏科技大学	洪铭潞，桑晨燕，王思宇	景国良，张静
28	2024012812	重阳诗韵：《九月九日忆山东兄弟》	北京语言大学	李芊，李雨薇，段一竹，魏彦炳，张皓鸣	安维华，梁慧婧
29	2024013270	物理波动仿真实验平台	南京邮电大学	刘斌，叶锦国，杨静，朱千越，赵鹏林	王增旭，李永涛
30	2024013866	酵母君历险记——探究米酒的酿造原理与实验	武汉理工大学	陈忆宁，刘畅，吕一鼎，田航诚	彭强，张亚敏
31	2024013992	一剪梅·舟过吴江	河北大学	李思潼，刘超，田益宁，高志达，滑冰冰	谷雨
32	2024014285	策略制胜：博弈图与 SG 函数的决策之道	厦门大学	黄成选，刘之流	晁飞
33	2024015033	唐诗宋词中的农耕文化	江苏大学	尤晗非，赵雯馨，吴佳欣	王华

续表

序号	作品编号	作品名称	参赛学校	作者	指导教师
34	2024015458	诗韵微澜送友人	重庆师范大学	张俊伟，万鑫悦，李欣，潘俊文	訾玲玲
35	2024016057	“圆滚滚”的莱洛三角形	苏州科技大学	王紫珺，孟佩瑶，陶均羽	李玮玲，程智龙
36	2024016062	“码”上解密	西南大学	李辰，王琬鹭，段中悦	钟晓燕
37	2024017361	平面图形的密铺	泰州学院	刁川洲，郝智宇，朱偲雨，姜艾佳，虞可欣	华程，王成敏
38	2024018082	模块化程序设计——C 语言里的“积木”	华南农业大学	陈婉佳，蓝嘉雪，冯雅雯	蔡贤资，岑冠军
39	2024019041	一朝风雨思国事，千载忧乐诉衷情——《渔家傲•秋思》范仲淹	盐城师范学院	赵晨灿，窦陈龙，陈佳薇	李尧，姚永明
40	2024020486	《江南春》——基于三维建模技术的情境式教学微课	新疆师范大学	蒋玖民，陈沈林，王雅哲，冯福莲，袁瑾	李广鑫，万亚玲
41	2024020608	折射塞北风情的一颗明珠——凉州词	安徽财经大学	吴珺怡	周洁
42	2024021042	CrysTailor——化学晶体结构的创新式交互探索与教学平台	苏州大学	钱奇，蒋毅，刘镇玮	李小航
43	2024022454	数据巧设计，轻松规范化	燕山大学	张丽平，曹宸浩，史佳楠	余扬，张忠平
44	2024022685	约瑟夫环之谜：循环单链表的解码之旅	燕山大学	吕焱豪，郑欣怡，黄榆茹	余扬
45	2024023576	基于虚幻引擎的量子非门虚拟仿真实验	扬州大学	徐丹，朱延江，张宏远，潘焱玥，丁岑	葛桂萍，杜微
46	2024024504	圆周率的秘密	杭州电子科技大学	黄蕾，江海悦，彭永乐，李智贤，夏于琴	李仕
47	2024025860	唐诗里的黄河——品诗词地理美 铸民族文化魂	中南大学	李宇晴，范欣瑗，史奕扬，张笑宇，杨翕程	朱承璋
48	2024026964	斐波那契数列	怀化学院	尹金叶，姚妍妍，阳钰，陈谱芝	丁玲芬
49	2024027003	神“计”妙“算”	安徽大学	莫恩民，江逸雯，李航，冯瑞晞	施俊，王轶冰
50	2024027020	苏轼《定风波》——任平生“风雨”	河南大学	童颖豪，张逸冉，徐静怡，余梦想，孙宗斌	谢苑，朱书慧
51	2024027041	勾股定理	阿克苏职业技术学院	刘方荐	白鹭，李兵
52	2024027413	简单排序之旅：冒泡排序篇	郑州轻工业大学	李立超，尚付民，陈美伊，吴士行	青华，程静
53	2024028332	将军饮马，何以最短	安庆师范大学	鲍欢，蒋文洁，马云婷	刘萌萌，杜杉杉

续表

序号	作品编号	作 品 名 称	参赛学校	作　者	指导教师
54	2024028524	光传播的秘密——惠更斯原理	湖北文理学院	申彦泽，赵俊涛，方权凯，侯俊雅，熊淑琦	李晓波，周明媛
55	2024028744	《浣溪沙》——跨越千年的交互式体验	浙江海洋大学	王依雯，许佑怡，林珏，於泽玉，潘润雨	叶其宏，樊超
56	2024028795	磷元素的发现与用途	牡丹江师范学院	李若彤，庞琦杰，付俊贺	王慧，隋朝
57	2024030100	悯怀苍生，农情深厚	重庆邮电大学	易晨曦，龙嘉欣，周佳欣，代佳铃，黄康媛	周琴
58	2024030974	风雨路上泰然行	吉林大学	李欣悦，师琴，赵英杰	张晓龙
59	2024031296	《永遇乐•京口北固亭怀古》微课	吉林大学	吴蒋明源，钱雨曈，刘畅，赵航，沈之皓	邹密
60	2024033000	神奇的影子朋友——日晷上的光阴流转	长江师范学院	黄露莹，陈思宇，王心月，李娜，朱豪威	张敏，包莉秋
61	2024033053	秘境寻踪——广度优先搜索之旅	北京科技大学	冯艺滔，王莊莊，刘家琦，单雅娴，刁明轩	李新宇，黄晓璐
62	2024033943	轴对称图形的世遗之旅	闽南理工学院	洪意宸，郭银匙，翁秋婷，朱思颖，林杉	林伟，刘楠楠
63	2024034885	压强魔法秀：伯努利原理下的趣味世界	重庆移通学院	甘晓铃，何灵杰，洪增湘，刘春林，唐明星	李勇，胡肖潇
64	2024035676	醉西湖——走进《饮湖上初晴后雨》	丽水学院	袁艺，丁泉鸿，陈博洋，程文涛，陈意楠	陈昕，蔡芝蔚
65	2024035933	人体免疫系统	铜陵学院	段雅婷，马雪，张怡	张思松，史金成
66	2024037102	奇妙的时区	安徽大学	赵斯曼	岳山
67	2024037462	五子棋中的极小化极大算法	厦门大学	邢舒扬，赵家宇	郭诗辉
68	2024038072	研究重力	沈阳化工大学	张翰林，杜锦奇，李嘉俊，朱彬文博，刘烨	高巍，姜楠
69	2024039205	心脏及血液循环	陆军军医大学	周双睿，钟仁杰，吴昊，李斯雨，张超然	王田
70	2024039770	跟着地球去旅行	重庆邮电大学	朱峻锐，易璐瑶，相祺瑞，万桥，周浩东	周琴，冯英
71	2024041012	基于Godot的网络系统集成虚拟仿真实验平台	重庆科技大学	田书伟，杨棚	陈宁，李忠

续表

序号	作品编号	作品名称	参赛学校	作者	指导教师
72	2024041555	跟着古诗去旅行——遇见长安	东北师范大学	魏心宇，卫婷，余睿	赵鹏，殷明浩
73	2024041822	月的意象：悲欢离合的探索之旅	沈阳师范大学	闫煦晗，姜蕊，王新宇	丁茜
74	2024041983	《西江月·夜行黄沙道中》微课	贵阳学院	王洪，彭娇娇，龙雨，周涛	张钰玉，陈沫
75	2024042751	相思几时有，豁达词中游	齐鲁师范学院	孔德政，高翔，刘函翡，陈勇霖，张熙振	唐海亮，刘建超
76	2024043066	深海“幽灵”——潜艇	长江师范学院	林锴迪，雷相雨，龙银，王一惟，席艳玲	张敏，宋永石
77	2024043374	北斗星辰：全球定位的中国智慧	北京邮电大学	罗显迪，胡卓琦，冯慧	尉志青
78	2024043569	DuPc 物理实验课堂	辽宁理工学院	戴栋，齐轩锐，刘鹏飞，黄志博，马贤达	谭旭东
79	2024043840	你好，圆周角	重庆大学	黎文杰，谯金奉，商红路，李湘祺，熊特	贲向前，陈正川
80	2024044609	水调歌头·明月几时有	河南师范大学	瓮鑫英，周瑶，郝帅栋，党琳雅，柳可人	敦洁，王士斌
81	2024044633	仰望星空，探索太阳系	湖北工业大学	余亦舒，徐梦琪，陆澄	宋庭新，章莹
82	2024046923	平生见风雨 旷达以徐行——解读《定风波》	华侨大学	葛荣昌，顾彦凌，王诗涵	朱志军
83	2024047239	自行车里的数学	合肥师范学院	杨静远，汪佳，杜淑萍	吴迪
84	2024048651	KMVP——Kmeans 虚拟仿真实验平台	大连理工大学	段航宇，吴玮彤，苏博涵，李朝阳	刘胜蓝，张雪涛
85	2024048796	向“黔”进——以地理视角再说《上春山》	湖北第二师范学院	王欣雨，陈怡帆，周琪，陆火云，张淦	樊勇，刘雯
86	2024048808	鹦鹉洲送王九之江左	武汉传媒学院	邢煜彬，杨卓锐，张笑语，高志杰，徐梦娅	张新，胡桐
87	2024049217	探秘寒食	北京第二外国语学院	林之语，张曦予	田嵩
88	2024049331	π 的魅力：割圆术的奥秘	昆明学院	汪昱，刘萍，农江梅	黄吉花，秦丽娟
89	2024049994	永遇乐·京口北固亭怀古	聊城大学	翟梦凡，田旭，台孟杰，张欣悦	程桂芳，刘妙祎
90	2024050742	青玉案·元夕——从朝堂到贬谪：辛弃疾青丝白发下的忧国忧民	北京第二外国语学院	孙菡雪，谭洋，李东衡，松古拉·吐地白克	田嵩

续表

序号	作品编号	作 品 名 称	参赛学校	作　者	指导教师
91	2024050767	平生多沉浮，心定风波定	中国政法大学	张靖媛，吴天琦，魏欣荣，张洪洋	郭梅，范红杰
92	2024051036	报国英雄气，崇武忧时情——挖掘边塞诗脉络与新时代艺术张力	战略支援部队信息工程大学	宋柯仪，尹文蔚，郭悦萱	胡浩，周洪伟
93	2024051635	数学之眼看中轴：智慧的轴对称	中央民族大学	韦薇，刘小蝶	齐翊帆
94	2024051682	北斗三十载，寻宝逐梦行	西南大学	姜政妍，陶欣悦，常平	钟晓燕
95	2024051754	PCR 技术的奥秘	北京体育大学	刘子源，陈故好，徐新玉，易穗儿	代晓彤
96	2024051791	探四联之悲喜，赏人生之豪情——细品《闻官军收河南河北》	嘉兴大学	周至怡，颜骏，王瀛婕，冯琪洛，林佳琦	贾小军，李占京
97	2024052300	精忠报国——读岳飞泣血呐喊《满江红》以怀	武汉体育学院	鲁艺，梅文静，吴依璠，刘欣欣	唐玥蘅，王东林
98	2024052716	基于 Sketch-RNN 的绘画辅助与动态创作系统	郑州大学	李俊豪，程宝玮，孟思彤，李胜非，周嘉诚	宋轩
99	2024053083	工程实训虚拟仿真实验平台	中南大学	颜思宇，赖昊杨，鲁戬，蔡杰申，张荞帆	钟萍，袁晒
100	2024053574	笑语千古梦，还酹江月情——《念奴娇·赤壁怀古》诗词微课	南开大学	张伊佳，彭可欣，刘莹诗佳，徐紫妍，朱乐颜	孙霄薇
101	2024054167	众里寻它千“百度”	陆军军事交通学院	王润峰，胡泽瑞，李杰，李海源，黎瑞江	刘旭，张婷燕
102	2024054965	水的变奏曲——沸腾	长治学院	杨晶晶，邓建英	刘建伟
103	2024055524	《永遇乐·京口北固亭怀古》诗词赏析	南昌大学	周永博，夏煜琛，汪远卓	于海雯，白小明
104	2024055808	AI 技术赋能诗词课堂——文以载道，歌以咏志的《苏幕遮·怀旧》	北京体育大学	黄泽宇，张敬旺，陆映汝，王艺晗	郑珊珊
105	2024056300	诗意容妆 AI 翩跹——唐诗中的女性服饰与妆容之美及其文化传承	首都师范大学	严钧琳，申羽仟，陈希，崔畅，贾晓峰	姜那，许芳杰
106	2024056470	南剑遗韵，壮志抒怀——水龙吟·过南剑双溪楼	陆军军事交通学院	谭亚淇，李嘉旭，高瑜，林楚烜，罗阚湧	阚媛，赵延平
107	2024057030	声波智探	广西职业师范学院	龙柯兆，马聪颖，杨年莹，黄锐，孔钕鑫	张璐，任冬炎
108	2024057246	小种子历险记	东北师范大学	张宇峰，赵容仟，姜钰瑶	赵鹏
109	2024058203	A-star 算法大揭秘——智能寻路的进化之旅	湖南城市学院	徐俊威，钟坚淼，王浩文，刘佳鑫	秦华，陈浩

续表

序号	作品编号	作 品 名 称	参赛学校	作　　者	指导教师
110	2024058784	三“美”相融，诗意人生——《山居秋暝》赏析	江西师范大学	黄怡昕，姜艾杉，王翔泰，蔡剑涛，曾翌昕	王萍，邱婷
111	2024058865	卫星装配虚拟仿真实验	武汉大学	甄航，张毓璇，申雨晨，刘洳含	孟小亮
112	2024060068	AI 换声探秘之旅	台州学院	吴颂婕，黄雨倩，曹舒卉，王昕瑜，郭可心	金旭球，钟莲花
113	2024061150	生物发酵技术——酿酒	天津师范大学	张璐，郭珂宇，臧骏琪	郑逢勃，梁妍
114	2024062301	一剪梅	河南科技学院	朱永娜，丁明霜，陈宇柯，张语涵	胡萍，张丽莉
115	2024062330	几何通古今，知识融文理——从寓言探寻圆锥圆柱的体积奥秘	湖州师范学院	傅琪琦，陈驰，于萧萧，周子翮	王继东
116	2024063232	塞上诗韵绘边关	宁波大学	黄瑞和，朱伊晨，黄丽钰，钟欣羽，秦仔怡	戴洪珠，姚佩英
117	2024063432	丝绸之路上的唐诗	桂林理工大学	王诗雅，李佳鸿，黄植钰，何宜萍，纪春梅	张鸿泽，夏雪
118	2024064134	基因指导蛋白质的合成	曲靖师范学院	吴鑫珂，张梦丽，王梅	卯霞
119	2024064193	月亮阴晴圆缺的奥秘	南阳师范学院	郭笑怡，谢耀蝶，高姝婷	乔贵春，邓笛
120	2024064349	消失之术	桂林理工大学	覃燕怡，劳华萍，邓阳兰，常惠溪，陈红君	梁秋群，马家峰
121	2024066837	红药丸，蓝药丸，你怎么选？——科幻影视中经典场景的程序化实现	昆明医科大学海源学院	张荣会，熊敏，石经跻	杨剑兰
122	2024067411	基于 Java 和 MatLab 集成的光学衍射仿真实验平台	兰州城市学院	侯培琦，雷浩东	郭中华
123	2024067464	《水调歌头》微课	西北师范大学	胡新瑞，袁月恒，吴佳萱，苏文芳，张传恒	周媛，齐颖
124	2024067499	登高——时空变幻诉衷肠	陕西师范大学	周雨轩，王魏欣，陈子龙，刘天宇	卢恒，曹菡
125	2024067531	圆周运动中的绳杆模型	电子科技大学	刘力子，黄建洋	刘雍煌
126	2024067604	植物“吃”太阳——探寻光合作用的奥秘	成都师范学院	蒋翔宇，魏思佳，母祥龙，姚森	张娇
127	2024067637	人生如逆旅，我亦是行人——苏轼的三起三落	陕西理工大学	王凡，任艳荣，马燕	龙英艳
128	2024067677	基于 Unity 引擎的物理实验平台设计	西安科技大学高新学院	张志伟，穆江辉	袁建民，张爱君
129	2024067689	赏雨探喜	四川工商学院	贾欣欣，鲜欣嫚，毛宇航，程强	吴文玲，万青青

续表

序号	作品编号	作 品 名 称	参赛学校	作　者	指导教师
130	2024067702	《如梦令》——春愁难释韶光易逝	西华大学	强烨璐，李涵，张燕，张璐瑶，孙紫菱	王秀华
131	2024067786	寻路之光——探秘 Dijkstra 算法	四川大学	龙萧羽，王鸿恺，齐若伶	王鹏
132	2024067806	无题亦无端·瑟鸣早觉憾——赏《锦瑟》	四川旅游学院	严铃铱，高煜，孟亦欣，杨梓镱	罗夏梓平
133	2024067898	智慧工厂认知虚拟仿真实验	西南交通大学	高宇翔，杨松，丁羽珩	储节磊，吕彪
134	2024067927	冻土与青藏铁路	上海外国语大学	夏冉，蒋明悦，崔宇航	卫玉，董丽丽
135	2024067971	种子的萌发——禾下乘凉梦	西华师范大学	方彤，曾雪枝，何芷晴，宋坤曌，越瑞	潘大志，池莹
136	2024068047	感离情，品诗意——走进送别诗	华东师范大学	包涵文	马力
137	2024068059	清香型白酒酿造虚拟仿真实验平台	四川轻化工大学	陈奥，马思宁，梁静	王二丽
138	2024068105	称象	西安交通大学城市学院	门子元，孔玉乐，李玮宁	刘晓明，丁玎
139	2024068134	优化行囊——背包问题中的动态规划艺术	四川大学	李成超，刘俣辰，冉立恒，焦建茗，王众伯	王颖
140	2024068137	《流体压强与流速的关系》微课	延安大学	陈佳妮，王煜彤，王少龙，周璇，何洋	石延梅
141	2024068153	能量之源——光与光合作用	上海外国语大学	李雪，吴姝函，吴自雄	李雪莲
142	2024068184	生物趣课堂——变酸的牛奶	上海师范大学	李旻骏，夏拉·迪力木拉提	何颖
143	2024068315	秋思	新疆应用职业技术学院	郭嘉欣	朱丽娟，宋彩凤

12.1.19　2024 年中国大学计算机设计大赛物联网应用一等奖

序号	作品编号	作 品 名 称	参赛学校	作　者	指导教师
1	2024003436	“桥梁卫士”——面向船体航向评估与桥梁碰撞预警的智能化监管系统	南京师范大学	王伟涵，贾露荷，刘星宇，马语婷，洪煜茹	谢非，丁树业
2	2024004928	基于深度视觉的果实套袋智能机器人	常州工学院	薛雯丽，戴永涛，张萍威，王非凡，庄文杰	王鹏，李梦梦
3	2024012530	Vitalwave- 毫米波雷达智能无感知式多维体征监测系统	哈尔滨工业大学	钟大柯，丁文钧，戴志宇，赵文紫宸，刘楚东	李鸿志

续表

序号	作品编号	作 品 名 称	参赛学校	作　　者	指导教师
4	2024013988	逐梦深蓝——基于 lora 的智能湖海自巡船	江苏海洋大学	苏瑞阳，陈勖旻，王嘉文，季海东，周子越	张金学，李媛媛
5	2024016135	基于 PaddlePaddle 的轴承预测性维护系统	深圳技术大学	梁嘉恒，唐嘉铭，黄瑞升	宁磊
6	2024022771	全空间感知下的异常人员识别	南京警察学院	高琨，左书宇，李一航，王章程，肖玥	陈俊霓，季新国
7	2024024250	多交流障碍破壁手语者	河南理工大学	端木永乐，李佳航，汪琪，杨萍华，赵启超	张伟，任建吉
8	2024024578	学习伴侣——防拖延监督机器人	郑州轻工业大学	吕想，张博，李红霞	李娜娜，张涛
9	2024025438	基于 RT-Thread 与大模型技术的通用植物培养装置	安徽信息工程学院	陈智杰，张杰，汪宝林，郑祖岚，朱希奇	朱宁，刘剑琴
10	2024025980	优优出行——基于 AIoT 的智能停车引领系统	郑州轻工业大学	李文豪，白鑫如，于李亚	张卫正，王丽萍
11	2024029510	边云智联——基于 AIot 的智慧井场多端示教系统	中国石油大学（华东）	薛一凡，缪煜玮，杨晓翔，白隽恺	李华昱，钟敏
12	2024030034	“神稻卫士”——多维人工智能生态环保驱鸟系统	云南大学	陈之恒，程宇，戴祺斌，岳庚，蒋菲	何鸣皋，李海燕
13	2024033420	天空支点 - 智慧城市物流无人机 - 小型无人车一体化服务式网络基站	哈尔滨工业大学（威海）	郭子谦，胡煜，刘雨东，郑嘉羽，吴泊川	武帅，蔡春伟
14	2024033788	视声语	山东大学	石钰豪，杨紫萱，仰大祺，宋祥伟，张乾仁	宋凯凯，王春鹏
15	2024039428	智压——基于智能指环的连续无感血压监测系统	北京邮电大学	庄卜荣，何文奇，林天俣，黄晗	赵东
16	2024067803	基于 AIOT 技术应用的智慧农业应用系统	上海中侨职业技术大学	吕康，周德欢，谢锦骏	张冬冬，赵欣

12.1.20　2024 年中国大学计算机设计大赛物联网应用二等奖

序号	作品编号	作 品 名 称	参赛学校	作　　者	指导教师
1	2024000789	绿意智控：基于物联网与 AI 赋能的数字生活盆栽系统	宁德师范学院	翁开奇，陈高，蓝正华，刘苏斌，吴哲鑫	张世良
2	2024001114	视障人士智能助行马甲	广东医科大学	陈广文，房子源，黎一文，卓盈，方怡雯	马莎
3	2024001273	基于物联网技术的物流动态称重系统设计	景德镇学院	钟景，邹振鹏，唐志，杜雨婷，黄金婷	李香泉，刘波

续表

序号	作品编号	作 品 名 称	参赛学校	作　者	指导教师
4	2024001560	窄巷预警	安徽三联学院	叶礼银，肖涵，包若彤	梁月放
5	2024001749	智慧助农番茄种植机器人	广东外语外贸大学	郑贤彬，杨积鑫，章昭曦，容上媛，高子娴	林华，巩文科
6	2024002442	基于人体三维重建的陆上训练数据采集分析系统	南京航空航天大学	王志芃，汤嘉彧，杨嘉豪，徐伊杨	赵蕴龙
7	2024002599	水下“智”检——基于多传感器融合的智能水下结构检测机器人	大连海事大学	蔡宏睿，袁御，孙田，廖世豪，刘响	赵恩宇
8	2024002964	NeuroBot——基于混合脑电信号的机器人视觉感知与控制系统	华南师范大学	梁娇，陈永健，王浩，杨朝斌，梁智祺	潘家辉，杜瑛
9	2024003001	飞机机舱紧固件表面腐蚀损伤检测系统	河北工业大学	魏帅壮，赵宇浩，王梓曼，肖淮	杨泽青，张艳蕊
10	2024003521	基于华为 IOT 的智能导盲犬——“灵步”	新疆大学	石楚伦，周梓涵，韩乐，林辰，郑淇耀	周燕云，石飞
11	2024003647	基于光电协同的智能混合气体检测装置	大连海事大学	张亿通，张正轩，陈艳鑫	刘剑桥
12	2024004120	SWE——基于睡眠 EEG 和混合声刺激 -tACS 的睡眠评估和干预系统	华南师范大学	李晓东，林智源，梁弘烨，吴佳璇，陈星雅	潘家辉，陈赣浪
13	2024004201	基于 AIoT 的智能路灯	南京航空航天大学金城学院	武俊杉，刘俊海，李安，李俊豪	卞晓晓，奚科芳
14	2024004751	叟护——基于物联网的智慧老人伴侣	贵州师范大学	李茂泉，李恒清，熊纤纤，甘娅	黄松，张金治
15	2024005446	“声波守巢”——基于声波感知雷达的老人居家健康监测系统	中国矿业大学	曲慧琳，张甜，张策，吴飞雪，董思辰	尹雨晴，徐慧
16	2024005849	“超级投石”——基于 RISC-V 的宠物智能投食器	深圳技术大学	赖卓男，李恒耿，方佳煌，祝嘉婧，胡瑾宜	李蒙，史诗洁
17	2024006041	农田守望者——基于 AIOT 的智慧农业系统设计	长江大学	陈默，戴凌祥，邹苏扬，于谨豪，郭鑫洋	徐阳，伍鹏
18	2024007094	“芯炎永燃”——芯片缺陷检测云上智能体	河海大学	郑明杰，潘桥，王雨佳，张帆，王子文	陈俊风，谢迎娟
19	2024007851	智能追光太阳能路灯	中央民族大学	冀焕翔，马健，陆旭，苌飞尧，檀杨	卢勇
20	2024007859	识身——基于嵌入式物联网设备的多维度智能安保系统	南京邮电大学	郑贝来，卢泓睿，罗宇轩，闫伯羽，刘克旭	郝学元，肖建

续表

序号	作品编号	作品名称	参赛学校	作者	指导教师
21	2024008241	步态分析与毫米波技术相结合的帕金森病情评估方法	南京大学	王旭，陈宇宁，王浩然	戴海鹏，张洁
22	2024008459	海上风机齿轮箱故障诊断智能监控平台	广东技术师范大学	张同森，潘黄楠，冯海铭，简浩华，王玮樾	岑健，伍银波
23	2024008961	明道行者——基于 Cartographer 的医院智能导盲机器人	郑州大学	杨胜远，张上炫，杨雨轩，闫罗斯，郑舸垚	张震，刘亚强
24	2024009095	“智行水者”——智能无障碍移动型饮水机人	重庆交通大学	王佳欣，祁嵘，洪朝银	张开洪
25	2024009768	桑海丝梦——基于 AIoT 的智慧蚕室系统	江苏科技大学	吕滴，詹小可，刘展序，郑智鸣	朱霞，左欣
26	2024010003	VHealer：虚拟现实驱动的医疗康复和机能评估系统	深圳大学	陆成杰，谭鹏宇，秦程，姜清扬	王可，曹文明
27	2024010634	用“芯”守护，“智”享康宁——基于 AIOT 的边云端融合家居无感监测系统	哈尔滨工业大学	王豪，张子凡，刘家均，吴浩瑞，刘枭鹏	吴艳，兰盛昌
28	2024012383	西部绿洲碳管家——面向碳中和的鱼菜共生信息物理融合系统	中国石油大学（北京）克拉玛依校区	胡首杰，汤海洋，职海杰	李义常，王雪颖
29	2024014421	基于无人机遥感的高标准农田病虫害检测系统	河南大学	原帅，孟天宇，毛中宽，吴娟，黄浩洋	刘春
30	2024014571	路路通：智慧交通预警系统	南京大学	金明岳，张凌翔，李浩天，徐乾凯	陶烨，辛博
31	2024016922	河道巡“螺”——集监测、识别、灭杀功能的福寿螺智能机器人	苏州科技大学	温世炀，周宇璐，季泽宇，徐立阁	刘润东，钱飞跃
32	2024018379	智慧边缘：深度感知老年人护理居家系统	扬州大学广陵学院	李京海，卢衍硕，刘珺，闭家成	史汶泽
33	2024018403	智测领航者——基于国产 GD32 单片机的物联网智能水文监测船	沈阳大学	王雨家宁，陈仕金，龙俊桦，周雅蕊，钟倩茜	沈德峰
34	2024018637	基于北斗 + 惯性导航系统的水质检测监测无人巡航船设计与实现	营口理工学院	吴凯茜，丁志阳，刘天宇，王潇晗	张健
35	2024019279	灵犀相护——基于 AIOT 的医疗清点播报系统	燕山大学	朱明凯，樊莹莹，苑琳	顾广华
36	2024019321	基于 MPPT 追踪的光伏故障检测系统	河南工学院	白圆童，黄之天，赵渊博，崔署荣	胡永涛，李婕
37	2024019472	步潮律动——引领中国人迈向健康的跑姿矫正系统	华北电力大学（保定）	杨洋，彭玉龙，王子欢，朱一然，杨蔚	张冀，王蓝婧
38	2024019850	感知未来：基于毫米波雷达的全屋智能家具革新	广州商学院	吴粤，苏增烨，林淼鑫，李绪信，黄景彬	祝小蜜，许春荣
39	2024022154	基于多传感器的智能空调人员定位系统设计与实现	中国石油大学（华东）	刘桐，倪慧冰，毛哲群，郭亮	李世宝

续表

序号	作品编号	作品名称	参赛学校	作者	指导教师
40	2024023210	“振动探知者”——工业轴承振动智能检测系统	安徽大学	张凯琪，叶家兴	郭星，宋思义
41	2024024243	防溺水泳池自动救援系统	肇庆学院	杨浩天，刘浩鹏，郑怀纲，吕鹏程，陈健峰	宋强
42	2024024524	深位池水产养殖系统	福州大学	邱嘉毅，张开羽，张书畅，余一舟，张绍钰	张昂
43	2024026107	工业智能模型	珠海科技学院	黄梦婷，孙宁涛	林艺旻，李大琳
44	2024026189	防冰天使——高效无人机除冰解决方案供应商	华北水利水电大学	王敬一，王翔宇，郭家旭，姚丽华，徐萱	张速，闫淑卿
45	2024027493	基于龙芯 1C102 的室内定位物联网管理系统	厦门大学	高海洋，苏达钊，黎文慧	陈华宾
46	2024027750	智慧骑行	吉林大学	郑淇夫，关启骁，张珂琦	张宗达
47	2024030558	创智工联	北京信息科技大学	张鸿天，吴蕊，王学慧，张杏卜，李明轩	张双彪，吴韶波
48	2024030583	口腔内窥诊断仪	集美大学	雷新群，林宇煌，董权健，罗友诚	黄斌
49	2024034307	算命——轴承的使用寿命分析与预测	长江师范学院	彭龙杰，杨睿琪，周鸿	邢昌元，贺代春
50	2024034330	空青科技——盲人阅读的指引者	北京科技大学	陈翔楠，杨浚铭，苏璟弘，李明昊，郇佳辉	王昱洁，李莎
51	2024035271	寰海物探——基于多功能海洋环境监测系统的智能仿生鱼	大连海事大学	刘严开，郑岩泽，修德龙，徐文远，郝婉婷	赵恩宇，孙昌国
52	2024035477	基于 Arduino 的智能停车场设计	沈阳工学院	孟宏，张家庆，李嘉琦	姚呈呈，杨玥
53	2024035524	基于 PVDF 的可穿戴鼾声监测系统	吉林大学	刘宁，张普一，马耀安，张博禹	千承辉
54	2024035788	多圈电磁式角度编码器	九江职业技术学院	廖文浩，袁正林，刘文辉	娄敏，叶大伟
55	2024035852	基于边缘计算和 Mesh 网络的智慧路灯控制系统	电子科技大学中山学院	李帅兵，梁薛，陈佳明，刘浩然，郝子昕	梁瑞仕
56	2024036401	“享丢”——基于物联网和微信小程序的分类堆肥垃圾桶	重庆交通大学	朱状状，张世超，任壮壮，杨杰翔，邓皓文	李艾星
57	2024037848	“雾”农——基于雾计算和 AI 边缘计算的农田实验室系统	辽宁科技学院	杨砚博，吕嘉城，肖徽	刘丽华

续表

序号	作品编号	作 品 名 称	参赛学校	作　者	指导教师
58	2024037985	智能养殖渔业管理系统	厦门华厦学院	蓝淇婷，陈志辉，温世泉，陈希辰，吴泽坤	邹立，万瑾
59	2024040997	易通勤（ECommuter）——基于STM32的易通勤系统开发	哈尔滨商业大学	麦韵莹，侯耀辉，张宛桦，林玉冰，高杰	金雪松
60	2024043403	智慧生活领航者——智能居家机器人	贵州师范大学	杨云伟，黄旖旎，王柠龙，范扣，陈春吉	张金治，黄松
61	2024043671	“智”援水域——无人救援气垫船智能识别领航者	南华大学	孙小婷，杨润泽，齐三峰，刘宇泽，郑欣易	刘昱朗，蒋辉
62	2024044537	智慧鱼菜系统	南华大学	谭梓庆，彭俊乔，彭俊，叶明，刘思铭	汪琳霞
63	2024045520	“智”此青绿——基于物联网的智慧乡村监测控制系统	潍坊科技学院	陈浩宇，王新宇，马晓健，李慧琳，孔祥浩	马丹，段翠翠
64	2024045613	流浪喵厦——基于物联网与机器视觉的动物投喂救助系统	潍坊科技学院	徐嘉蔚，张君义，刘浩飞，孙吉康	栾学德，马丹
65	2024046611	“问渠”——基于机会路由与能量收集的水文监测系统	北京邮电大学	刘瀚宇，董井富，刘雨婕，滕磊，薛铭浩	董辰，韩康榕
66	2024048754	植爱护航——智慧农业监测预警机器人系统	华中师范大学	王毅婷，王蓉，彭若菲，王冬瑾	彭熙
67	2024048823	家居慧眼——视力障碍智能导航与语音交流系统	福州大学至诚学院	纪亦林，谢宇宸，莫未文，陈琳娜，吕垭鑫	马云莺
68	2024049488	iDorm锁安——基于ERes2Net声纹识别的智能门锁平台	浙江科技大学	姜帅杰，陈昱帆，程俊豪，陈昱翔，温瑞	岑跃峰，岑岗
69	2024049852	灵眸引路：基于云边端协同互动的盲人可穿戴出行辅助设备	华中师范大学	曾万康，龚保全，刘雨蓉，李绍毅	彭熙
70	2024050142	“文心慧杖善睐行”——基于文心一言的视障人士出行交互式陪伴系统	长沙理工大学	李竹语，刘明智，伍奕凯，苏强	项炬，李峰
71	2024050295	Spark Savior——智能消防工业巡检机器人系统	西南大学	黄潇，聂亦飞，张哲萌，招杰森，吴霁蓉	陈武，范子川
72	2024050775	掠影——大模型赋能智慧影视移动平台	北京邮电大学	郁璋源，沈淇，胡子健，李夏，彭开源	唐玲，杨钢
73	2024050936	面向铁路施工与维护作业人员安全监测的智慧头盔设计与实现	华东交通大学	陈麒元，叶碧峰，李伟隆，龙嘉文，潘仕林	袁朝晖
74	2024052091	云端药舱——独居老人健康好帮手	德州学院	蒋天恩，李敬涛，于雅靓	董文会

续表

序号	作品编号	作 品 名 称	参赛学校	作 者	指导教师
75	2024052904	“慧眼通途”——基于AI视觉和多传感器的视障辅助系统	天津职业技术师范大学	焦点，田睿，田熙圆，左明桓，刘桓宇	胡山
76	2024054617	“NewBee”——基于物联网技术的智慧蜂箱	重庆工程学院	张普，严叶飞，左静怡，付俊，童涛	丁志强，严天华
77	2024060929	尾矿库智能监测系统	桂林理工大学	蒋明忠，何宗熹，蒙绍山，林信欢，陈慧文	邓昀，陈守学
78	2024061101	智控兴农——数字农业助力乡村振兴	天津工业大学	裴英博，李德宇，孟诗晴，李玉晗，张博	李志强，李嘉洋
79	2024061787	光农智造——一种基于物联网的水电联产节能农业肥料滴灌系统	武汉工程大学	陈楷东，魏丹妮，陈妍丽，梁曦，康淏森	王当，冯国英
80	2024062656	头盔同步火控系统	空军航空大学	史宗扬，孙鸿锐，施淮翰，余志晨，杨冲	王光宇，刘思圻
81	2024063896	橙智来了	赣南科技学院	梁正丰，邹雅星，李彬	谢小云，朱颋
82	2024064103	基于物联网的动态火灾疏散路径规划系统	中国民航大学	刘亚斐，贾转龙，文康，姜沐晨，茹浩然	张智
83	2024064638	农禾智盛——基于农业大模型构建智能物联网温室种植系统	郑州西亚斯学院	朱一荷，侯冰芷，董自来，孟德利，肖绍元	李晓辉，宋小浩
84	2024065979	银龄智盾——智能守护者•e控领航员	南宁学院	宁治荣，赵葳，陈嘉尧	邱素贞，陆珊
85	2024067369	基于IOT的智能清洁机器人	兰州信息科技学院	宋一帆，杨桐，张栋，张奕，尚炳星	殷学丽，闫璞
86	2024067444	基于ASR与手势识别技术的听障人士无障碍双向交互系统	安康学院	田张洪，李冠辰，王欣怡，耿嘉钰，岳平	崔智军
87	2024067459	基于声传感的手掌生物特征身份识别系统	西北大学	唐亚妮，李雅琪，沙琳俞	冯超
88	2024067565	基于Spresense的水产养殖环境监测与自动控制系统	成都东软学院	李陈科，张龙，庞嘉玮	康晓娜
89	2024067616	驼峰编组站峰尾止轮器管控系统设计	西南交通大学	王子文，王艺帆，张起，丁杨左斌，黄文强	杨武东，范景腾
90	2024067705	公路山体滑坡实时警示系统	西南交通大学	费阳，冯援，王俊杰，叶远恒，方佳鑫	邹应全，吕彪
91	2024067723	光明引导者——视力障碍辅助导盲头盔	西北工业大学	王柏青，李家财，杨雨	高遁，孙蓬

续表

序号	作品编号	作 品 名 称	参赛学校	作　　者	指导教师
92	2024068034	基于仿生技术的灾后救援机器人	上海建桥学院	邓宝山，王烨，杜宇航，韦琳香，黄稔杰	范培英
93	2024068035	信火一体协同打击——面向特战班组的作战系统	武警工程大学	战昭元，张硕，孙崇洋，郑雅芝	雷妮，岂峰利
94	2024068042	掌上温室——基于 RAF 模型和 VL 模型的物联网智能温室管理平台	电子科技大学	李采奕，李姿函，杨东炜，袁航宇	傅翀，戴瑞婷
95	2024068101	基于多模态数据融合的细粒度坐姿学习分析系统	同济大学	张国华，沈婷，陈燕	李莉
96	2024068305	智能家居系统	榆林学院	余双，任禹超，贺倚天，刘依明	韩贝，卢磊

12.1.21　2024 年中国大学计算机设计大赛信息可视化设计一等奖

序号	作品编号	作 品 名 称	参赛学校	作　　者	指导教师
1	2024002772	朝为田舍郎 暮登天子堂：中国科举文化可视化	南京师范大学	周梓涵，张杨，周子涵，张艾彤，王轶彧	周清清
2	2024003059	云游新疆，数窥非遗	石河子大学	车萍萍，郑欣然，妥佳怡，卫嘉仪，杨梦珍	张忍
3	2024004851	基于社区发现的微博数据可视化分析系统	华南师范大学	郑宝源，李嘉，冼城	贺超波，刘寿强
4	2024007524	灵犀舆情——智能舆情预警分析可视化平台	南京邮电大学通达学院	廖孔瑞，方海英，尹雨彤，吕政，丁鸿飞	韩腾跃，余永红
5	2024010558	龙潮四海——2024 龙元素国潮海外传播交互可视化设计	暨南大学	司徒颖琳，林姿延，黄婧岚，张雨铮	谷虹，赵甜芳
6	2024017577	Crazy_Desire	东南大学成贤学院	韦自硕，董星畅，严瑞雪，陈芋璇	刘刚，郭城
7	2024032035	“港运亨通”——基于 EasyV 的口岸贸易物流可视化分析系统	浙江师范大学	王艾，江润雪，张铭姿	陈希
8	2024033571	观星繁世星辰与天文探究信息可视化设计	青岛农业大学	刘书洋，孔艺洁，王琦，于子玉	杜建伟
9	2024043023	探微索隐	东北大学	易煊，刘毅晟，许超然，武乔芷慧，伍嘉祺	霍楷，樊丁宜
10	2024045676	与鲸共舞	大连工业大学	薛睿翾	孙丹
11	2024047562	数字非遗、魅力红河	中央民族大学	王世屹，钟佳禾，王天莹，王泽	胥桂仙，蒲秋梅
12	2024051571	诗三百，思无邪	杭州师范大学	韦文欣	沈菲
13	2024055346	斜拉桥数据可视化	北京科技大学	魏志飞，李立新，张晋华，李子欣，胡佳怡	武航星，周毅

续表

序号	作品编号	作品名称	参赛学校	作者	指导教师
14	2024064998	唐裳流韵	浙江师范大学	倪佳琪，王焓冰，蔡雨彤，赵若希，梁瑾瑜	张依婷，韩中美
15	2024067721	绘灾川藏——基于 WebGIS 的灾害信息可视化系统	西南交通大学	纪硕，陈炜婷，胡一佳，张高驰，张子兴	王恪铭，黄艺丹
16	2024068114	蜀中绝色·天下母锦	四川师范大学	郭怡涵，王景琪，龚喜	张军，税少兵

12.1.22 2024 年中国大学计算机设计大赛信息可视化设计二等奖

序号	作品编号	作品名称	参赛学校	作者	指导教师
1	2024002159	钟灵毓秀——北方古典园林造园艺术信息可视化设计	湖南师范大学	尹怡龙，匡倩瑶	刘京莎
2	2024002464	多维度发展——中国走向强国之路	安阳工学院	冯孝东，高嘉豪，熊春阳，杜朝科	吴昊，韩毅
3	2024003277	学习投入度分析平台	湖南理工学院	张瑞，荆乐，陈琴，杨鹏	夏玲玲，曾林舟
4	2024004022	琵琶风华	华南师范大学	陈芸仪，梁铭轩，徐婉霖，张灵锋	莫丹丹
5	2024004236	看见贵州	贵州师范大学	杨培康，肖峰，由书豪	黄松
6	2024005801	一带一路，一路繁花	深圳大学	杨文君，邹烨，张楠	廖红，文冰
7	2024006234	基于 AR 的交互式医学 CT 数据可视化魔盒	南京师范大学	孔慧婷，曹丁阳，龚凡琁，黄雪凤	刘日晨
8	2024006400	福船扬帆，破浪前行	华南师范大学	蒋妍嘉，安玥瑶，林滢	崔雨竹，莫丹丹
9	2024007391	数字地球地图工坊可视化平台	南京邮电大学	华剑椿，谢晓宇，丁佳昊	韩普
10	2024008262	洪灾观舆——基于 Echarts+vue 开发下庐山自然灾害数据交互可视化和洪水灾害预测平台	南京师范大学	吴梓隽，陈奕蕾，温成蔚，李骁健，张诗娴	曹喜林
11	2024008572	“数字赋能，分毫析厘”——大学生数字化成长智能驾驶舱	华中师范大学	陈艾茹，王筱萌，颜润鑫，黄嘉钰，刘文玲	张勇，庄甲鹏
12	2024009134	戏影华章	辽宁师范大学	周彤宇，孙羽萱	杨燕
13	2024009512	“农兴视界”——乡村振兴数据可视化系统	武汉理工大学	朱帆，窦天乐，刘岩，王福泽，徐嘉成	王云华
14	2024009558	缘说几何	北京工业大学	柳勇圣，王润野，曹津硕，何家樑	李颖，张朋
15	2024009744	LandslideViz 山体滑坡信息可视化与分析平台	安徽农业大学	王文宇，舒心，肖清华，焦裕轩，何思凡	吴云志

续表

序号	作品编号	作品名称	参赛学校	作者	指导教师
16	2024010146	翕见 . 植物染——植物染信息交互设计	武汉理工大学	孔凤，何睿骅，王芮娜	彭强，吴旭敏
17	2024010171	智慧博物馆	安阳工学院	沈海洋，李奥，孙官磊，李笑乐，傅文秋	王伟，代攀虹
18	2024010847	智算古稀——基于测算模型的养老保险可视化平台	广东海洋大学	汪舒畅，杨智凯，朱益鹏	张文欢，刘利群
19	2024010952	颅内动脉瘤风险评估与可视化分析系统	皖南医学院	黄丽娜，胡忠玲，杨秋晨，孙明阳，张茜茜	叶明全，王培培
20	2024010961	中国生态环境保护现状信息可视化	广东医科大学	周欣彤，陈艺超，陈丽华	郑金秋，白金山
21	2024013127	绣韵	南京航空航天大学	彭佳钰，詹元元，管饶	汪浩文，张定会
22	2024014186	纤纤玉粥	南京工业大学	马利江，赵莹	张安华
23	2024014235	危啼——濒危动物保护信息图形设计	河北大学	秦嘉颖，陈艺，陈奕贝，徐可瑄，张华	王雅
24	2024014356	唐风遗构信息可视化设计	韶关学院	林荣通，何小敏，黄钰	刘泓嘉
25	2024014790	繁花盛于旧时里弄 History and Humanity of Shanghai's Lane	江南大学	肖桐，臧安齐	龙娟娟
26	2024014960	观云图志——全国气象数据与极端天气可视化系统	江南大学	孙文君，王欣恒，叶子欣，徐兢，陈禹晴	钱琨，范超
27	2024015208	火舞神韵 • 民间民俗信息可视化设计	青岛黄海学院	李宏越	刘文正，王英全
28	2024015433	尿路结石知多少：成因、治疗与预防	中国医科大学	王悦涵，王溢，於奕辰，张亿，陈云涛	徐东雨，李新
29	2024015762	规划“狮”	安徽建筑大学	李舒宁，李子寒，张雨阳，毛开心	谷宗州，何梦
30	2024016076	UTViz——城市路口交通态势可视化平台	重庆大学	陈研，付婉婷，刘浏，秦政杰	胡海波，秦红星
31	2024016633	巍然王都，三星绘卷	安徽师范大学	刘坊琳，施菲，盛玺宁，郎雅婷	叶方舟，陶佳
32	2024016823	逐梦寰宇新征程——中国航天科普博物馆	三江学院	万诗琪，王雪，黄粤，朱伊彤，谷心语	赵靖，吴薇
33	2024017105	新能源汽车数据可视化	长春理工大学	王洪洋，王凯超，于丰华	陈占芳
34	2024018301	饭煲温控视界——电饭锅智能开发测试平台	岭南师范学院	赵善娘，梁胜勇，傅才榕，张雯，邓理妹	朱齐媛，龙世瑜

续表

序号	作品编号	作品名称	参赛学校	作者	指导教师
35	2024022762	基于缉私数据的情报研判及可视化平台	南京警察学院	王一龙，刘潮，王林鹞，金鸣禹，罗奕恒	邱明月
36	2024024081	海洋的叹息	惠州学院	余伟俊，彭帝杨，郑晓杰，文思嵛	张菁秋
37	2024024822	山川诗行：李白的长江记忆	南京艺术学院	丁沐言，曹逸凝	于西
38	2024026069	戏韵运河	北京师范大学	孙雯慧	李嫣
39	2024028003	解码社会热词 MG 动画篇	青岛黄海学院	张雅慧	李瑞，杨丽
40	2024028705	你好，小金豆——黑龙江冰雪文旅可视化交互系统设计	哈尔滨工业大学	朱晓琳，王晨，袁自清妍，邹雅云	盖龙涛
41	2024028986	全球育龄期妇女乳腺癌的流行病学调查：一项基于 GBD 数据库的可视化研究	中国医科大学	陈俊言，闫雪，顾巧瑜，查文博，李冠彤	苏娟，蒋西然
42	2024029836	九章溯古，算典映今	福州大学	胡琦，黄家烨，赖晓杭，梁晓芳	陈思喜
43	2024030237	基于元宇宙的停车场综合管理系统	中南民族大学	李珂浩，刘少阳，梅瑜，曹馨月，魏珂琳	王黎，孔德龙
44	2024030402	跨越北纬 40°：他们的十年归国路	华中科技大学	徐伊琳，黄尚宇，欧江月，缑莉雯	徐迪
45	2024032891	草木语诗：《全唐诗》植物意象可视化设计	北京工商大学	张依莲	陈思
46	2024033400	卯数塔韵——应县木塔信息可视化设计	青岛大学	姜雯皎，苑鑫伟，杜慧天	任雪玲
47	2024034122	药缘图腾——中药信息可视化	北京科技大学	卓云，李馨怡，马彪，马世鹏，何金壕	武航星，李莉
48	2024034237	树护生境——空地一体化红树林监测平台	岭南师范学院	阮炫焯，陈庭轩，区家玮，邬仕伟，陈泰斯	王树文，周东方晨
49	2024034347	沈阳印象——梦回故宫	大连医科大学	武江蓉，赵馨宁，吴涵，洪宜声，杜思雨	曹健丽，季晓玉
50	2024034839	顺囍南洋·峇峇娘惹	海南师范大学	尹煜珩，蔡睿，牛莉鑫	侯志国
51	2024036373	国家繁荣之景——香港旅游经济的数字画卷	南昌航空大学	吴梦洁，姚杰，李康生，陈琦	付峥
52	2024037971	指尖的艺术——云南民族刺绣	昆明理工大学	孙婕，季永恒，罗辛欣，李明玉	普运伟，姜迪
53	2024038922	车之鉴——汽车数字博物馆	昆明理工大学	王利民，袁海燕，杨云斌，邹杨瑞，杨丽	刘果，王凌

续表

序号	作品编号	作品名称	参赛学校	作者	指导教师
54	2024039967	铜语千载	烟台科技学院	王倩，孝磊	宁静，刘娅男
55	2024040398	《天工开物·巧夺天工》——信息可视化设计	太原理工大学	刘钰萱，郄旌悦，杜雨璇	刘佩芳
56	2024040602	中国古代数学信息可视化设计	武汉科技大学	石楠，吴静，郑颜	聂虹
57	2024040856	中华面食之乡	太原理工大学	李晓艺，王妮，邹慜媛	郭文杰
58	2024041250	观山纪海——山海经知识图谱信息可视化设计	北京邮电大学	王若彤，代璐，李心洁	王楠
59	2024042161	纸上非遗	东北大学	刘书豪，官钇霖，戴梓青，王姝柠，吴林鹏	王晗，杨馥嫚
60	2024042241	AI 驱动的长春年鉴数据分析与可视化	吉林外国语大学	朱桀民，田甜，曹硕含，刘家辛，蓝柳林	梁燕，王菲菲
61	2024042767	流动的中国 2024——2024 中国春运一张图	河北经贸大学	王晓菲，于淼，李笑晗	董一兵
62	2024043002	一带一路纵横——数据探索新丝绸之路	江西理工大学	毛嘉翔，钟茂庆，高栋豪，钟梓尧，何振宇	兰红，李江华
63	2024044606	禅武圣地——嵩山少林寺信息可视化设计	海南大学	张林叶	邓晰
64	2024045799	盛世龙舞之聊城白胡子苍龙信息可视化	青岛农业大学	朱洁，高萌，李嘉玥	杜建伟
65	2024047027	国内外医养结合研究可视化系统	湖州师范学院	李婧，王敏怡，申正	沈张果
66	2024049545	琼楼玉宇	青岛大学	田翊菡，孙雪，武扬帆，高宇尧，王涵钰	任雪玲
67	2024050123	基于蔬菜价格弹性驱动的自动定价与补货策略平台	内蒙古科技大学	郑培清，马俊宇，王羿然，王帅，吴洁连	师东生，顾瑞春
68	2024050338	非遗纸鸢	山东协和学院	谭丽娟，井浩宇，孔德坤，陈德勇，张昀涵	张艳华，王晓燕
69	2024051050	WeCare——针对校园霸凌的数据可视化监测平台	石家庄铁道大学	王梓硕，杨园园，牟兆迪，董家和	武永亮，王建民
70	2024051525	数序建礼——中国古建筑中的数字密码·信息可视化设计	山东大学	程健琪，李明妍，王子元	赵鹏
71	2024051884	“贸易图景”——对外经济贸易数据可视化系统	山东工商学院	刘骋羽，廖银，孟孜文	毛艳艳，肖进杰
72	2024052126	竹取物语——中国竹文化信息可视化设计	浙江工商大学	吴静	陈岫

续表

序号	作品编号	作 品 名 称	参赛学校	作　　者	指导教师
73	2024053594	谈日论数：古代数学的日常运用	浙江广厦建设职业技术大学	蔡可欣	洪佳丽
74	2024053699	“幻视”数字孪生锌冶炼工厂	中南大学	梁菲菲，韩杰，何健，马昭昕	陈致蓬
75	2024057638	浙江省乡村振兴建设成果的可视化平台	武汉大学	普贝吉，苏菲雅，白聪，高家垚，吕佳怡	黄丽娜
76	2024057761	从交互角度切入观察杜甫的生平	中华女子学院	鲍宣，占仟仟，李潇瑜，王曼妮	穆翠霞，陈洁
77	2024059689	《草木缬意》蓝夹缬印染信息可视化设计	台州学院	朱嘉颖，陶欣怡	陈波
78	2024060564	智谐社区——基于大数据的共治共享信息可视化平台	西南大学	陈怡楠，赵涔屹，张凌菲，欧星远，胡杰	张林，于显平
79	2024060578	智慧延边——旅韵数据漫游志	延边大学	徐奕轩，张馨月，曹鹤轩，代萌霞，陈月琴	赵亚慧
80	2024061587	民韵风华——云南少数民族乐器信息可视化设计	云南师范大学	陶轩宇，陈贝妮，刘涔岩	谭玉琳，赵莹
81	2024061634	星辰之光——孤独症数据可视化项目	云南经济管理学院	张婷婷，朱烽铭，付星宇	杨也，杨金梅
82	2024061891	智慧助手——基于数字孪生的校园网络流量可视化管理平台	防灾科技学院	谢颖瑶，张元旺，任玺睿，邵文博	黄猛，刘帅
83	2024063551	《规矩方圆，佛之居所》——佛光寺大殿的数学密码信息可视化	浙江师范大学行知学院	施茜，李佳钰，颜继盈	吴佳醍，袁喆
84	2024067469	豆瓣书籍数据可视化	兰州文理学院	杨高文，张雪，钟颖，翟政福，王敏杰	马国俊，赵世林
85	2024067491	茶香古韵——西湖龙井图形信息可视化设计与应用	西北大学	陈系情，宋子玥	朱琛，温超
86	2024067503	非物质文化遗产多维数据分析可视化平台	西安邮电大学	罗雅欣	王博
87	2024067666	绿意绘校——绿色校园 3D 智慧可视化平台	西南石油大学	蒲子豪，吴悠，岳思宇，陈治巧，苟杨斯宇	王坤，胥林
88	2024067753	今人“犹”见古时月——中国文化遗产可视化平台	华东师范大学	胡潇洋，吕云蕾，石佳	钱冬明，李响
89	2024067772	云锦视界：非遗“云锦”交互可视化系统	华东师范大学	郑怡秋，邓才宇，张锐，郭雯雯	李晨辉
90	2024067797	海洋之窗	上海海洋大学	濮丹怡，李家琪，罗菲菲	张云，杨树瑚
91	2024067813	水下生物	四川文化艺术学院	宋彦融	郑小庆，邵莉
92	2024067869	山河间，书香何处寻？——山河四省教育漫谈	华东师范大学	赵佳，白阿希达，张益杰	曾秋梅，刘垚

续表

序号	作品编号	作 品 名 称	参赛学校	作 者	指导教师
93	2024067879	月华探险家——嫦娥工程创新科普交互馆	东华大学	熊依琦，段盛祥，刘馨璐	吴勇，宋勤宇
94	2024067889	古韵佳酿	西北民族大学	马泽，严彬，赵佳明	李文丽
95	2024067948	看了么	上海理工大学	毛昱蕊，韩佳芙，胡哲芳	佟国香
96	2024068048	以色观百戏	电子科技大学	杨紫艺，杜佳怡，袁泉，李田园，张猛	傅翀
97	2024068083	智视医谱——基于知识图谱和深度学习的可视化结直肠癌诊断辅助和学习平台	四川大学	马硕，崔力，龙小毅，叶一贝	王鹏，殷晋
98	2024068087	科技兴邦，久久为功——我国科技强国历程可视化网站	上海财经大学	钟聿文，王冉，郑泠然	王淑范，韩潇
99	2024068246	青铜文化的信息图解	西北大学	朱绵熹，曹子钧	崔莉，张靖

12.2 2024年（第17届）大赛获奖作品选登

序号	作品编号	作 品 名 称	类 别
1	2024067993	“智行数据游”——旅游大模型推荐系统	大数据应用
2	2024068024	智慧教育之眼	大数据应用
3	2024028810	数字逆旅，一苇以航	数媒游戏与交互设计
4	2024000234	匠造	数媒游戏与交互设计
5	2024042171	篮球智语——智能交互系统	软件应用与开发
6	2024067846	观羽无界——文化与自然交织的观鸟交互平台	软件应用与开发
7	2024035800	数韵流彩	数媒静态设计
8	2024058557	圆率数韵 星耀中华	数媒静态设计
9	2024008250	望江南・超然台作	微课与教学辅助
10	2024061807	守护呼吸村庄——呼吸道对空气的处理	微课与教学辅助
11	2024067656	牧野割草机器人	人工智能应用
12	2024006378	NJU LogisticCrew	人工智能应用
13	2024015988	洋眼看知音	国际生“汉学”
14	2024050610	求其所极 行其所愿	数媒动漫与短片
15	2024028684	咫尺乾坤，器宇天下——中国人的数学测量智慧	数媒动漫与短片
16	2024004928	基于深度视觉的果实套袋智能机器人	物联网应用
17	2024022771	全空间感知下的异常人员识别	物联网应用
18	2024045676	与鲸共舞	信息可视化设计
19	2024058124	派	计算机音乐创作

12.2.1 “智行数据游”——旅游大模型推荐系统

作品文档下载（二维码、网址）：https://www.51eds.com/tdjy/courseDetail/searchCourseDetail.action?courseId=690

作品信息

作品编号：2024067993　　　　作品大类：大数据应用
作品小类：大数据实践赛
获得奖项：一等奖
参赛学校：西南交通大学
作　　者：冯援、余伟杰、刘子昂、黄荆阳、王欣奕
指导教师：李华、杨柳

作品简介

本项目制作专用于旅游需求问答的垂直领域大语言模型。通过大数据获取和分析、检索增强生成（RAG）、知识库和大模型融合等技术手段，实现对旅游服务的智能化升级，并采用Nuxt、Django等Web框架，实现对话显示和多终端会话支持。

本作品针对以下客户群体：

（1）旅游爱好者：对于旅游行业感兴趣的个人。他们可能希望通过该作品获取关于目的地的详细信息、旅游规划建议和实用的旅行建议。

（2）旅游从业者：包括旅行社、导游、酒店业者等，他们可能希望利用该作品来提升自己的服务水平，为客户提供更加个性化、专业化的旅游建议和服务。

（3）城市管理者：负责城市旅游推广和管理的政府部门或相关机构，他们可能希望利用该作品来了解游客的需求和偏好，优化城市的旅游资源配置和旅游服务体系，从而提升城市的旅游吸引力和竞争力。

（4）旅游行业决策者：包括旅游企业的管理者、投资者等，他们可能希望通过该作品了解行业发展趋势和前沿技术，指导企业的发展战略和业务布局。

演示效果

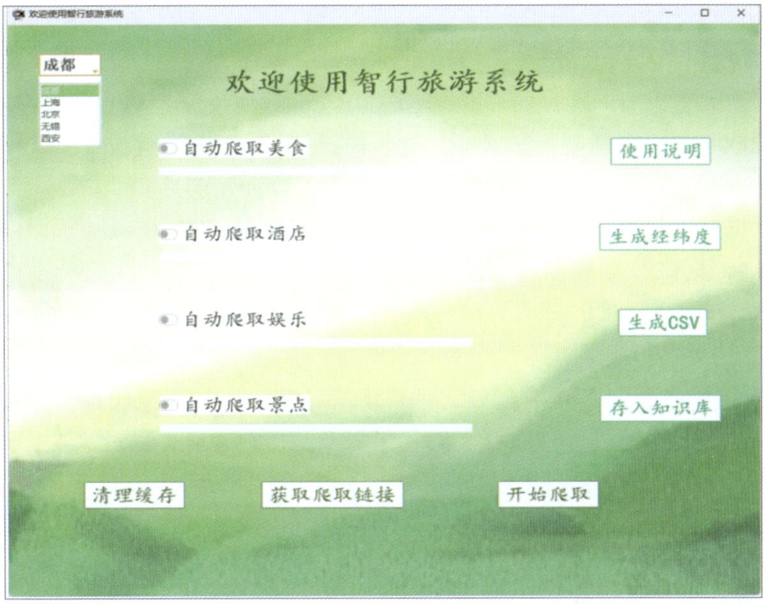

欢迎使用智行旅游系统
成都
上海
北京
无锡
西安
自动爬取美食
使用说明
自动爬取酒店
生成经纬度
自动爬取娱乐
生成CSV
自动爬取景点
存入知识库
清理缓存
获取爬取链接
开始爬取

EXPLORE AND
REFLECT
Shanghai, China
开始旅行

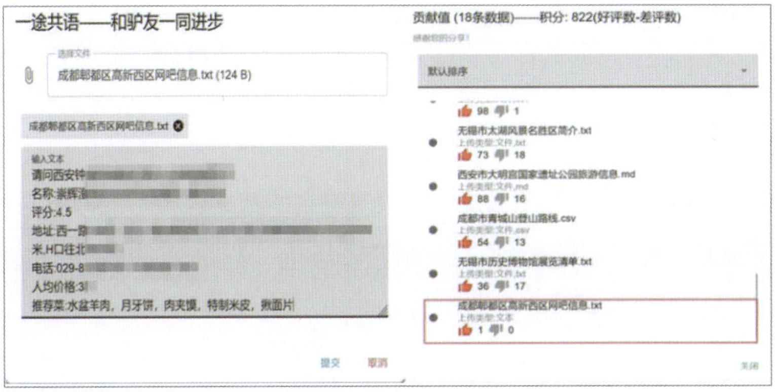

一途共语——和驴友一同进步
成都郫都区高新西区网吧信息.txt (124 B)
评分:4.5
推荐菜:水盆羊肉，月牙饼，肉夹馍，特制米皮，撕面片
贡献值 (18条数据)——积分: 822(好评数-差评数)
默认排序
无锡市太湖风景名胜区简介.txt
西安市大明宫国家遗址公园旅游信息.md
成都市青城山登山路线.csv
无锡市历史博物馆展览清单.txt
成都郫都区高新西区网吧信息.txt

设计思路

1. 作品的功能和性能需求

（1）专业知识的整合和应用

自动化数据爬取和知识库管理：项目采用selenium自动化和XPath选择器技术，自动爬取网上公开的旅游相关数据，包括景点介绍、用户评价、特色活动等。通过自动化工具和定期更新机制，系统能够不断刷新其数据源，保持信息的新鲜度和相关性。

文本和数据处理技术：采用先进的自然语言处理技术，例如向量化和语义分析（使用bge-zh-large-v1.5模型），以及向量存储系统Milvus，以保持数据的高效检索和语义一致性。这些技术帮助系统深入理解和分类大量的旅游数据，提升信息服务的质量和响应速度。

（2）用户意图的准确理解

对话系统优化：通过LLM结合知识库的整体架构，使用Langchain框架实现一个高度上下文感知的对话管理系统。该系统能够解析复杂的用户输入，从语义层面理解用户的具体需求，并根据上下文动态调整对话流程。

用户意图识别技术：利用意图理解算法和关键词提取技术，精确捕捉用户查询中的核心意图和相关信息点，从而提供更加个性化和准确的回答。

（3）实时反馈和交互设计

通过WebSocket技术，实现前端与后端的实时数据交换，确保用户操作能够即时反馈，并提供动态的交互响应。

（4）实时数据的动态更新和应用

动态数据同步和处理：后台使用定时任务和事件触发机制，自动同步外部数据变更，如酒店预订状态、天气更新等，确保用户接收到的信息是最新的。

高效的数据索引和检索：使用基于HNSW的向量索引技术优化数据检索过程，大幅提升查询效率和准确性，允许用户获得快速且相关的搜索结果。

（5）系统的可扩展性和可维护性

分层架构和中间件使用：系统架构采用分层设计，将数据层、逻辑层和表示层分开处理，使用中间件如Django和Nginx优化请求处理和数据传输。这种架构设计不仅确保了系统的高可维护性，还支持在不影响现有功能的前提下进行扩展和升级。

2. 数据来源

本项目采取爬虫技术爬取成都美食、酒店、娱乐三个领域的公开数据，主要来自大众点评网和携程网站。

3. 数据格式

本项目涉及知识库和大模型的微调，所以对得到的数据进行了三种不同方式的数据处理：对于知识库，支持TXT和CSV等格式的数据来源；预训练的数据格式；LORA微调的数据格式采用国际通用的Alpaca格式。

4. 数据获取方式

爬虫是获取网页并提取和保存信息的自动化程序。主要包括：获取网页、提取信息、保存数据、自动化实现。本项目采用爬虫来爬取大众点评和携程网站的公开数据。

5. 数据规模

目前数据集大小总共为140 MB，覆盖了成都的所有地铁、商区、地标。

6. 数据特点

多源数据：数据来自多种来源，包括但不限于网页爬取的旅游信息、用户生成的内容、官方旅游指南等。这些数据涵盖了酒店、餐饮、景点等多个方面，形成了一个全面的旅游信息库。

实时更新：旅游相关的数据非常动态，涉及的信息如酒店房间状态、景点活动等都需要实时更新。系统必须能够处理这种高变动性的数据，确保提供给用户的信息是准确和最新的。

庞大的数据量：数据集内容多并且全面，采用milvus数据库存储向量数据，采取mongodb数据库来存储源文本数据。

7. 系统总体框架

系统总体框架如图所示：

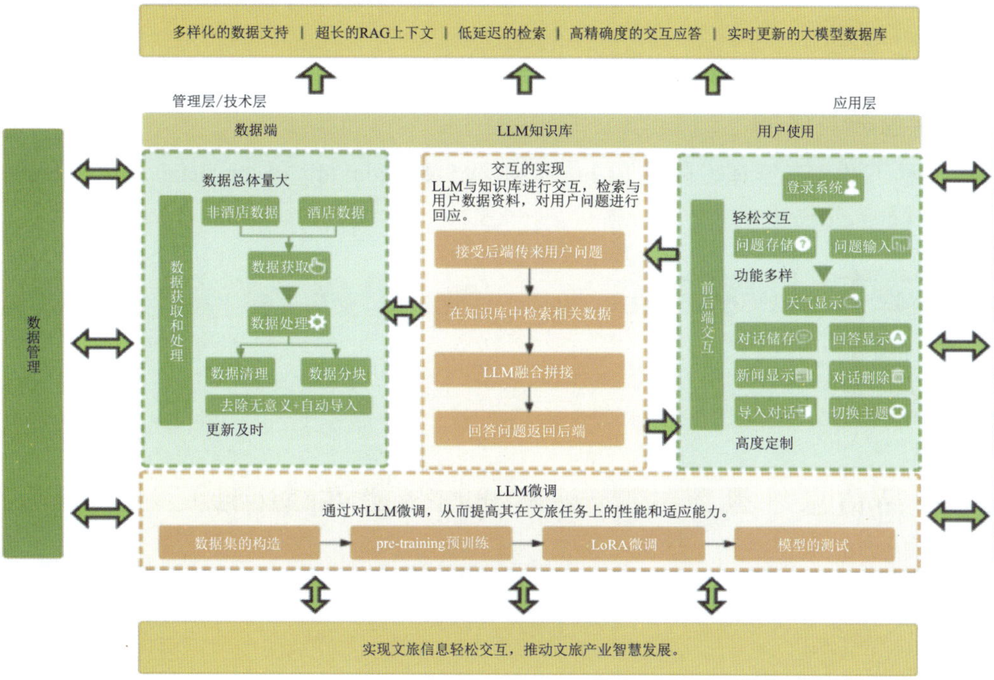

设计重点、难点

1. 专业知识的整合和应用

旅游行业涵盖的信息类型极为丰富，包括景点介绍、文化背景、交通安排、住宿推荐等。现有的通用大型语言模型缺乏针对性的域知识，因此一个重要的痛点是如何有效整合这些专业知识，并在问答系统中加以应用，以提供精准和具体的旅游相关回答。

2. 用户意图的准确理解

用户在查询旅游信息时可能使用非标准查询或表达模糊的需求。项目需要解决的一个核心问题是如何准确理解用户的具体意图，并根据这些意图提供恰当的信息，这涉及自然语言理解（NLU）的深度优化和模型训练。

3. 多模态交互的实现

随着技术的进步，用户期望通过各种方式与系统交互，包括文本、语音、图片等。如何在一个平台上实现有效的多模态交互，使用户能够以自然的方式查询信息，并获取丰富的互动体验，是本项目需要解决的关键问题之一。

4. 实时数据的动态更新和应用

旅游信息是高度动态的，如酒店预订状态、景点活动更新等。系统需要能够实时更新这些信息，并在用户查询时提供最新数据。这不仅需要强大的后台支持，还需要高效的数据处理能力和实时更新机制。

5. 系统的可扩展性和可维护性

随着业务的扩展和用户数量的增加，系统的可扩展性和可维护性成为关键。项目需要考虑如何设计系统架构，以支持快速扩展和简便的维护，确保系统稳定运行并能够应对未来的技术或市场变化。

12.2.2 智慧教育之眼

作品文档下载（二维码、网址）：https://www.51eds.com/tdjy/courseDetail/searchCourseDetail.action?courseId=690

作品信息

作品编号：2024068024　　　　作品大类：大数据应用

作品小类：大数据主题赛——在线教育综合大数据分析

获得奖项：二等奖

参赛学校：东华大学

作　　者：沈钰舒、陈程、孙晨枫

指导教师：潘乔、燕彩蓉

作品简介

本作品是一个先进的在线教育大数据分析系统，旨在通过集成PySpark数据处理、CatBoost与ChatGLM3-6B深度学习模型，及时分析和呈现教育数据，并能够一键生成个性化学生报告。利用Streamlit和阿里云DataV实现数据的实时、交互式可视化，为教育机构提供科学的决策支持，显著提升教育质量和效率。

本作品主要面向教育机构，包括但不限于学校、在线教育平台以及政府教育部门。这些机构可以利用本系统来监控和分析学生的学习行为、课程效果及教师教学质量，进而调整教学策略和资源分配，实现教育质量的整体提升。

演示效果

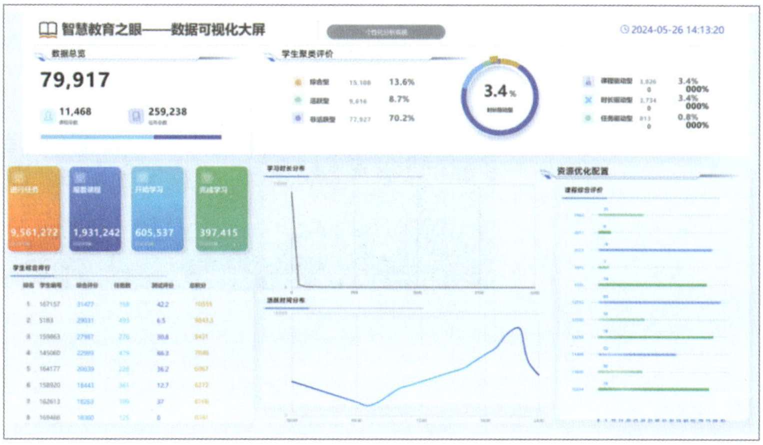

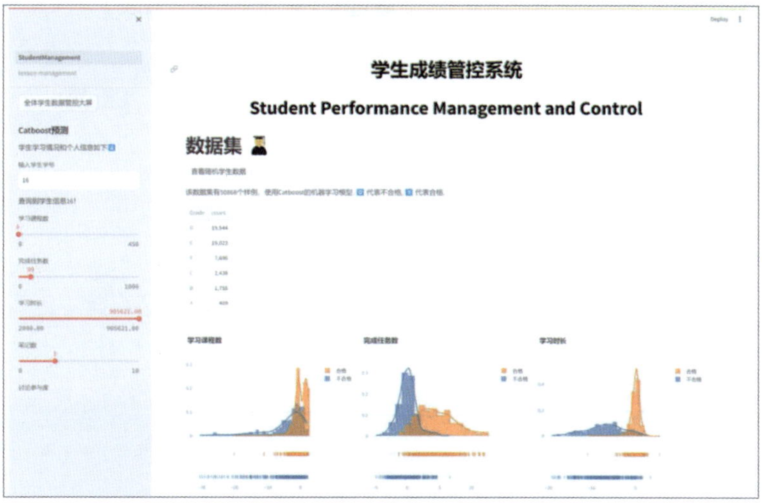

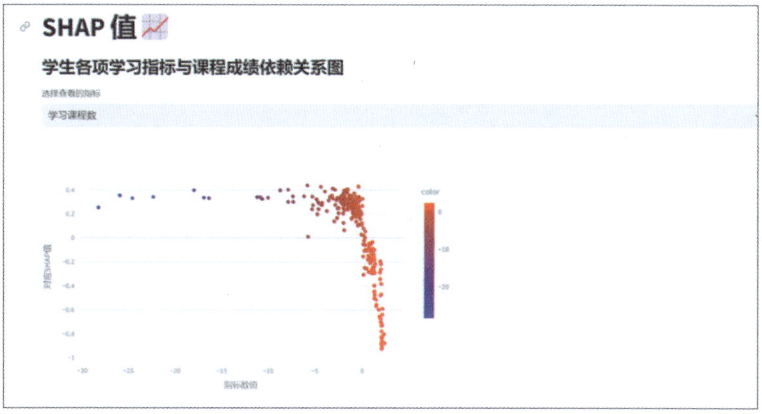

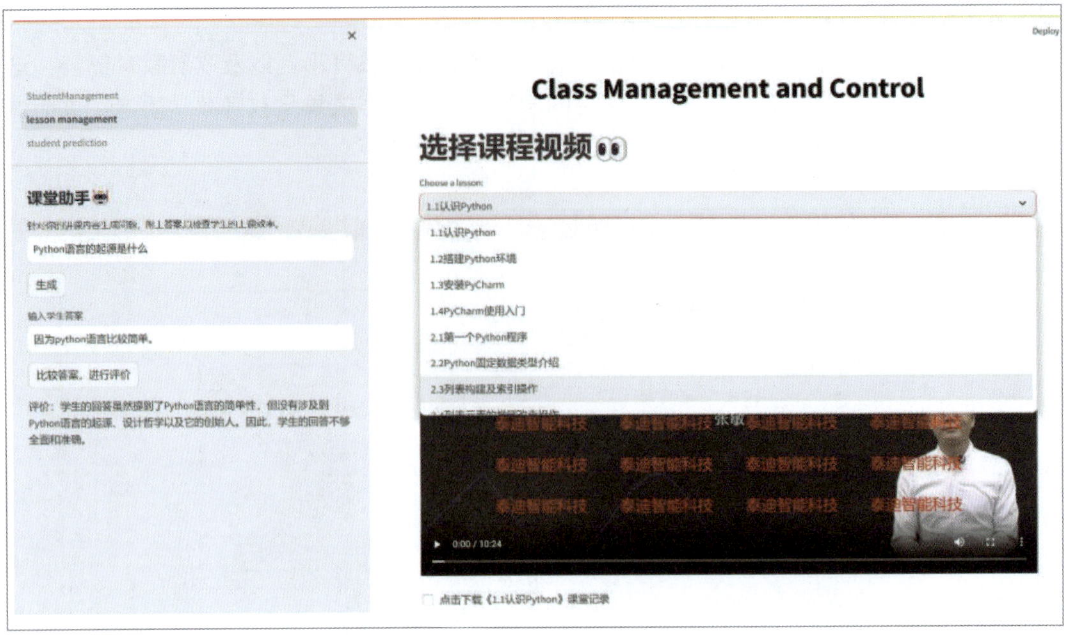
StudentManagement
lesson management
student prediction
课堂助手
Python语言的起源是什么
生成
输入学生答案
因为python语言比较简单。
比较答案，进行评价
评价：学生的回答虽然提到了Python语言的简单性，但没有涉及到Python语言的起源、设计哲学以及它的创始人。因此，学生的回答不够全面和准确。
Deploy
Class Management and Control
选择课程视频
Choose a lesson:
1.1认识Python
1.1认识Python
1.2搭建Python环境
1.3安装PyCharm
1.4PyCharm使用入门
2.1第一个Python程序
2.2Python固定数据类型介绍
2.3列表构建及索引操作
0:00 / 10:24
点击下载《1.1认识Python》课堂记录

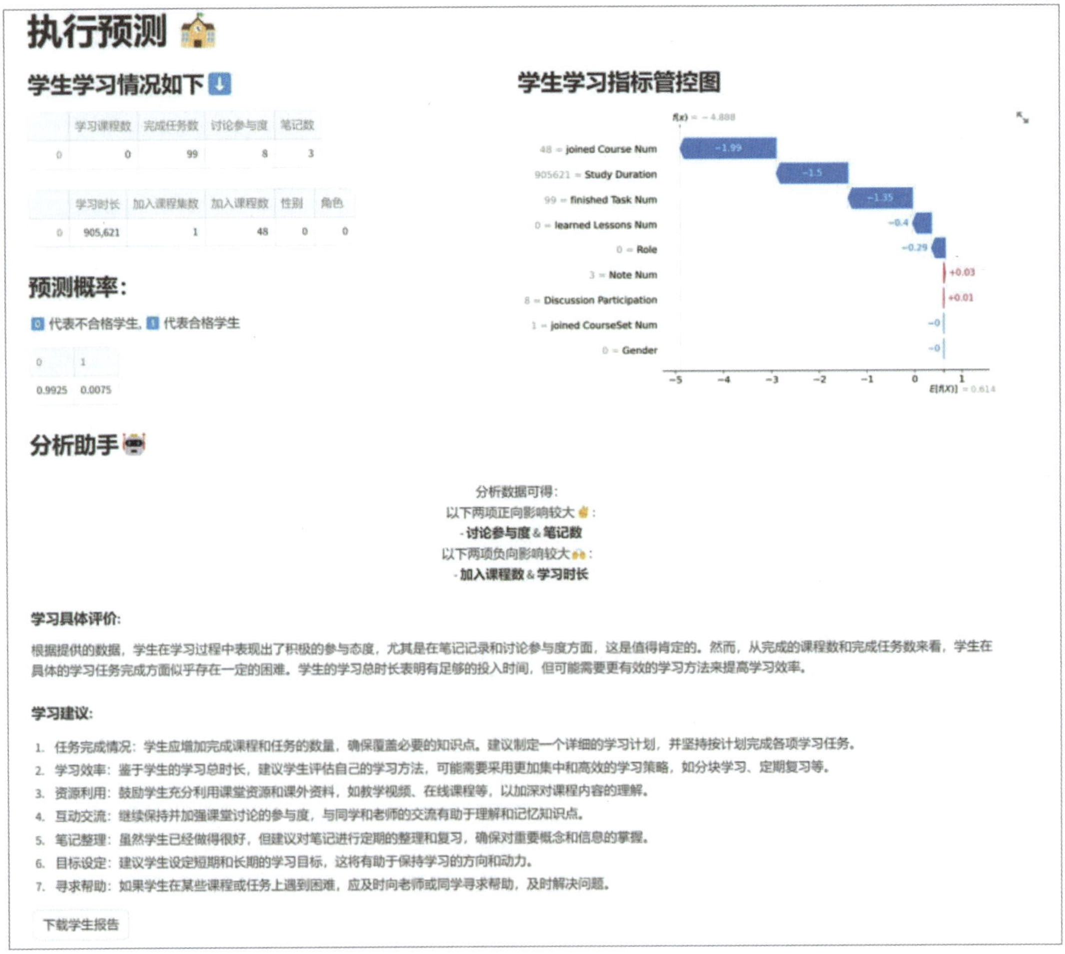
执行预测
学生学习情况如下
学习课程数 完成任务数 讨论参与度 笔记数
0 0 99 8 3
学习时长 加入课程集数 加入课程数 性别 角色
0 905,621 1 48 0 0
预测概率：
0 代表不合格学生，1 代表合格学生
0 1
0.9925 0.0075
学生学习指标管控图
f(x) = −4.888
48 = joined Course Num −1.99
905621 = Study Duration −1.5
99 = finished Task Num −1.35
0 = learned Lessons Num −0.4
0 = Role −0.29
3 = Note Num +0.03
8 = Discussion Participation +0.01
1 = joined CourseSet Num −0
0 = Gender −0
−5 −4 −3 −2 −1 0 1
E[f(X)] = 0.614
分析助手
分析数据可得：
以下两项正向影响较大：
- 讨论参与度 & 笔记数
以下两项负向影响较大：
- 加入课程数 & 学习时长
学习具体评价：
根据提供的数据，学生在学习过程中表现出了积极的参与态度，尤其是在笔记记录和讨论参与度方面，这是值得肯定的。然而，从完成的课程数和完成任务数来看，学生在具体的学习任务完成方面似乎存在一定的困难。学生的学习总时长表明有足够的投入时间，但可能需要更有效的学习方法来提高学习效率。
学习建议：
1. 任务完成情况：学生应增加完成课程和任务的数量，确保覆盖必要的知识点。建议制定一个详细的学习计划，并坚持按计划完成各项学习任务。
2. 学习效率：鉴于学生的学习总时长，建议学生评估自己的学习方法，可能需要采用更加集中和高效的学习策略，如分块学习、定期复习等。
3. 资源利用：鼓励学生充分利用课堂资源和课外资料，如教学视频、在线课程等，以加深对课程内容的理解。
4. 互动交流：继续保持并加强课堂讨论的参与度，与同学和老师的交流有助于理解和记忆知识点。
5. 笔记整理：虽然学生已经做得很好，但建议对笔记进行定期的整理和复习，确保对重要概念和信息的掌握。
6. 目标设定：建议学生设定短期和长期的学习目标，这将有助于保持学习的方向和动力。
7. 寻求帮助：如果学生在某些课程或任务上遇到困难，应及时向老师或同学寻求帮助，及时解决问题。
下载学生报告

学生学习报告

姓名	小明		学号	2	
性别	女		身份	学生	
参加班级数	2	参加课程数	50	总学习时长	15000.0
笔记数	2	完成课程数	144	讨论数	6.0

学习情况分析:

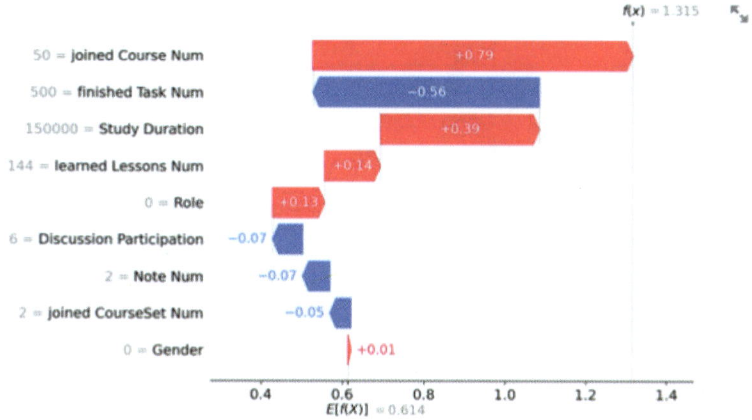

学习报告:

学习评价:

根据提供的数据，学生在学习过程中表现出了积极的参与态度，尤其是在笔记记录和讨论参与度方面，这是值得肯定的。然而，从完成的课程数和完成任务数来看，学生在具体的学习任务完成方面似乎存在一定的困难。学生的学习总时长表明有足够的投入时间，但可能需要更有效的学习方法来提高学习效率。

设计思路

1. 主要功能

数据处理与集成：利用PySpark进行高效的数据预处理和集成，确保数据质量和一致性。

深度学习分析：采用CatBoost和ChatGLM3-6B模型对教育数据进行深入的学习和预测，揭示学习行为和成绩表现的深层关联，并将结果以报告的形式生成反馈。

实时数据可视化：通过Streamlit和阿里云DataV技术实现教育数据的实时可视化，提供直观的数据分析报告和仪表板。

2. 功能和性能需求

系统需要能够处理高并发的数据查询和实时的数据更新，支持多种数据分析模型和可视化工具，并接入先进的大模型以生成个性化学习报告，增强可读性与交互性。

3. 数据集

使用的数据集包括学生的基本信息、学习活动记录、成绩数据等，来源于合作教育机构的教育平台。数据格式包括CSV和JSON，便于数据处理和分析。

4. 数据获取方式

通过APIs和直接从数据库同步数据，确保数据的实时性和准确性。

5. 数据特点与规模

数据量大，多样性高。例如，学习活动记录包括视频观看时长、作业提交时间等。

6. 系统技术功能框架

系统技术功能框架如下图所示：

设计重点、难点

1. 实时数据处理能力

利用Apache Spark实现数据的实时处理和分析，解决了传统系统在处理大规模教育数据时的延迟问题。

2. 深度学习分析

通过集成CatBoos和ChatGLM3-6B等先进的机器学习模型，进行深入的数据分析和预测，超越了基本的统计分析，提供更精确的教学和学习效果预测，支持一键生成个性化报告。

3. 交互式数据可视化

结合Streamlit和阿里云DataV，提供动态的数据可视化和实时交互功能，提高了数据分析的灵活性和用户体验。

12.2.3 数字逆旅，一苇以航

作品文档下载（二维码、网址）：https://www.51eds.com/tdjy/courseDetail/searchCourseDetail.action?courseId=690

作品信息

作品编号：2024028810　　　　作品大类：数媒游戏与交互设计

作品小类：游戏设计普通组

获得奖项：一等奖

参赛学校：安徽大学

作　　者：王欣悦、陈紫阳、赵金阳、田金阳、王沛荣

指导教师：孙辉

作品简介

本游戏以唐朝历史为故事背景，纵览唐代伟大诗人杜甫的生平经历，他人生的沧海桑田，即是唐朝历史演变的一个缩影，从贞观之治的繁荣昌盛，到安史之乱的没落衰弱，白云苍狗一念间，主人公将置身于唐朝社会，亲身运送荔枝，在游戏过程中体会数学在真实情景下的应用，以及数学在历史上的双面性。在浩瀚的历史长河中，唐朝以其文化繁荣和社会开放著称。本游戏选取了唐玄宗送杨贵妃荔枝的故事作为游戏的背景故事。游戏不仅重现了唐朝的盛世景象，更深入探讨了数学在古代社会中的应用及其对人民生活的深远影响。

玩家将化身为一名智者，通过解决一系列以古代数学为核心的谜题，体验一段跨越时间与空间的历史旅程。通过每个谜题和挑战，玩家不仅能够深入了解古代数学的奥秘，还能感受到历史事件背后人文精神的流动。

演示效果

2025年（第18届）中国大学生计算机设计大赛参赛指南

设计思路

1. 人物设计

（1）主人公设计

①灵感来源。

本游戏的主角灵感来源于历史人物杜甫。杜甫在安史之乱期间经历了国破家亡的痛苦，四处漂泊，最终在饥寒交迫下病死孤舟。这一悲剧性的历史背景为游戏提供了丰富的情感和故事素材。在此基础上，游戏设计了原创内容，主角是一位唐朝的文官，他在战争中失去了家园，带着妻女四处逃难。虽然生活清贫，但他乐于助人，正直无私，希望天下太平、人民安居乐业。

身份设定：主角是一位唐朝的文官，虽然遭受着战争的磨难，但他的内心依然保持着文人的高尚情操和信念。

角色成长：游戏中，主角将经历一系列的冒险和挑战，在帮助他人和追求和平的过程中不断成长，展示出不屈不挠的精神和智慧。

②外貌和服饰设计。

着装：主角穿着浅棕色的粗褐衫，按照百姓的穿着风格，结合唐朝历史背景，也体现了他在战争中的困顿和漂泊生活。

造型：佩戴软质的裹巾和软脚幞头，着履，这种简单而实用的装扮符合他在乱世中的身份和境遇。

外貌：主角身型略瘦，面容满是沧桑与疲惫，展现了一个虽是文官但因战争而饱受磨难的形象。

③色彩与质感。

色调选择：采用土色和浅棕色等朴素的颜色，凸显主角的平民化装束和生活的艰难，这种配色能够与游戏的整体画面风格相呼应，营造出历史感和沉重感。

细节处理：在角色的服饰和面部表情上，注重细节的刻画，比如服装的褶皱和磨损、面容的疲惫和坚定，使角色更加立体和真实。

（2）其他角色设计

2. 场景设计

（1）部分场景绘画过程展示

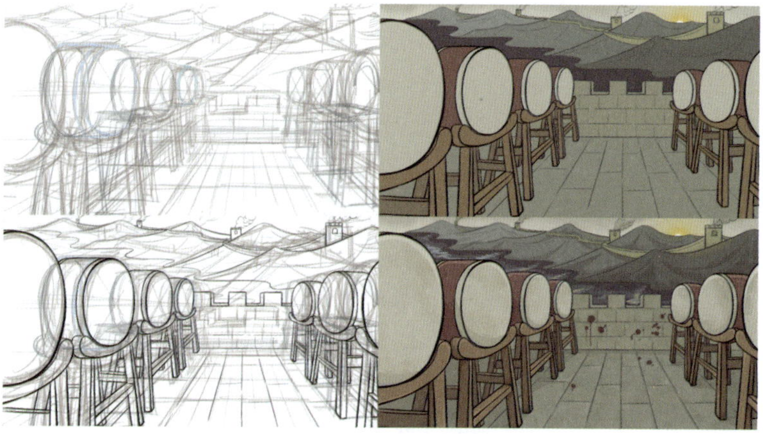

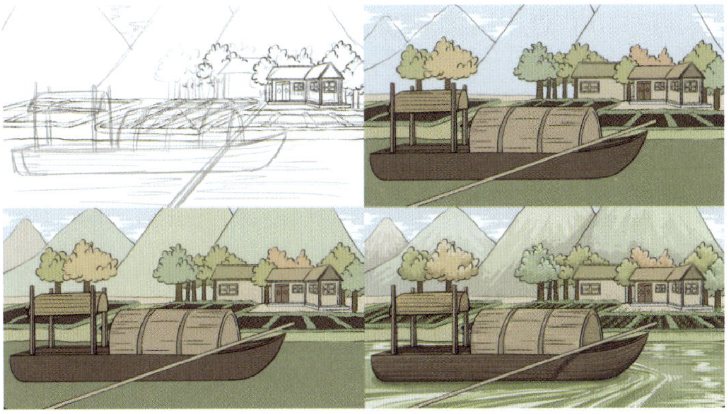

（2）场景设计思路

①高质量的原创美术设计。

本游戏所有场景人物素材均由队内美工成员原创手绘，我们团队进行了大量的唐朝历史调研，深入研究古籍文献，细致阅读历史记载。从人物的衣着材质、发冠、鞋履，到唐朝的地理自然风貌、官员各个品级不同颜色的官服，每一个细节都经过精心设计，力求还原一个真实而生动的唐朝世界。同时，采用原创手绘确保了独特的美术风格和高质量的视觉效果。在对唐朝历史深入调研的基础上，我们在设计上力求真实还原历史细节，对每一个设计细节反复打磨修改，无一不体现出我们对历史的尊重和对作品质量的关注。这种美术设计使得游戏画面不仅美观，而且具有深厚的文化内涵，提升了玩家的沉浸感。

②多学科交叉融合。

我们不仅关注游戏的娱乐性，还注重教育意义。在游戏中，我们巧妙地将数学知识与历史文化结合，通过趣味性的任务和谜题设计，让玩家在游戏过程中自然地接触和学习数学知识。这种多学科交叉融合的设计理念，打破了传统教育游戏的单一枯燥模式，使得学习变得更加有趣和生动。

③沉浸式历史体验。

游戏中精心设计的历史场景和人物形象，让玩家仿佛穿越回唐朝，亲身体验那个时代的风貌和文化。我们通过细致的剧情和任务设计，让玩家在游戏过程中不仅能享受冒险的乐趣，还能深入了解唐朝的历史背景和文化习俗。这种沉浸式的体验，不仅增强了游戏的吸引力，也让玩家在潜移默化中增长了知识。

设计重点、难点

1. 榫卯 blender3D 组件

操作榫卯时，检测水平或垂直距离落在设定的最小和最大范围内，触发胜利逻辑。

2. Rotate 翻转控制

使用 OnTriggerEnter2D 方法来检测与玩家的碰撞，过程中根据游戏情况动态调整速度，增强视觉变化与玩家体验。

3. 地图 MapPanel

使用 Toggle 组件来控制地点的选择状态，实现与地图管理器中其他地点和路线信息的交互性与用户友好性。

12.2.4 匠造

作品文档下载（二维码、网址）：https://www.51eds.com/tdjy/courseDetail/searchCourseDetail.action?courseId=690

作品信息

作品编号：2024000234　　作品大类：数媒游戏与交互设计

作品小类：游戏设计专业组

获得奖项：一等奖

参赛学校：周口师范学院

作　　者：聂麟霄、苗语凝

指导教师：殷秀叶、郭晓宇

作品简介

作品名：匠造

作品构成：作品是由 Unity3D 中的 3D URP 场景制作的 2.5D 生存探索，经营类游戏；主要面向 18 岁以上人群。

编程语言：C#,Lua

作品背景：相传在一片神秘森林中，有数学家祖冲之留下的考验，通过考验的人可以得到失传已久的《缀术》……

"我"终于找到了这片森林，循着先辈的指引，探寻祖冲之一生所践行的数学之道。

作品主线：玩家通过收集资源，抵御动物，解开数学谜题进行游戏。游戏过程以祖冲之的数学思想为主要脉络，设计了串联的游戏环节。

演示效果

1. 登录注册页面

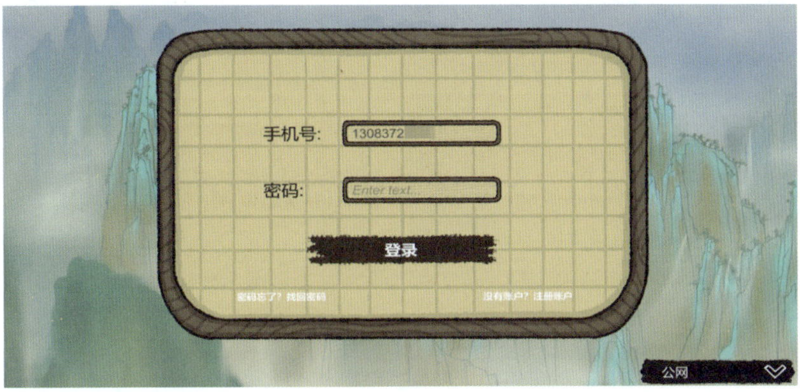

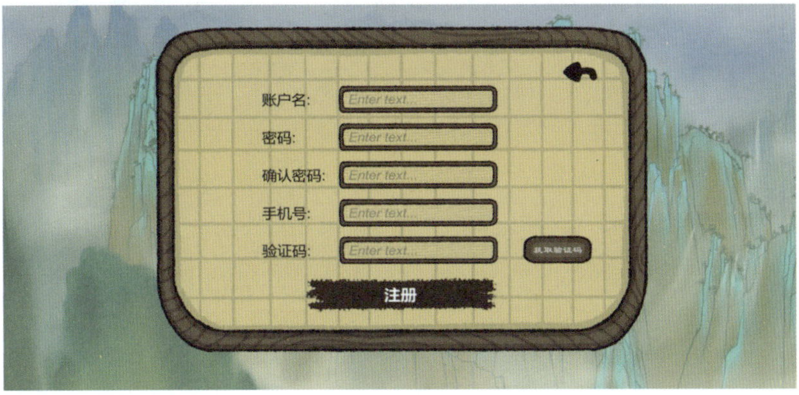

2. 设置页面

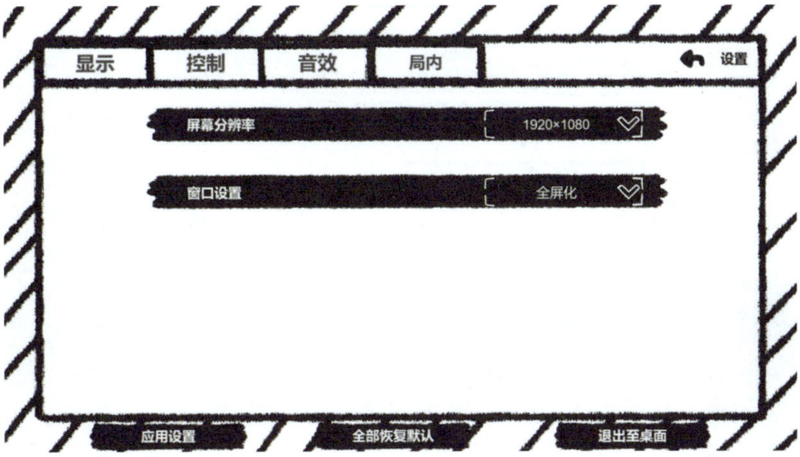

3. 背包页面

4. 好友聊天页面

5. 图鉴页面

6. 任务页面

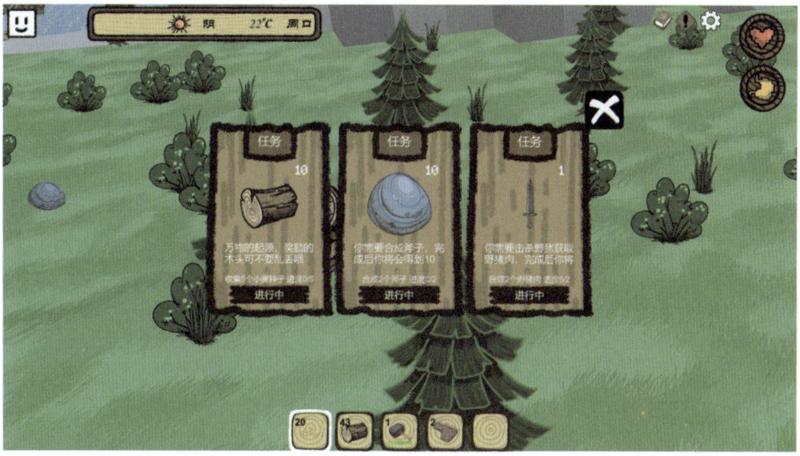

设计思路

本作品旨在弘扬中国古代数学文化，传播古代数学辉煌成就，让中国古代数学借用现代游戏语言焕发新的光彩。我们以祖冲之与他的著作《缀术》为主线。弘扬其中所蕴含的数学精神。并融入祖冲之的主要成就，如圆周率、割圆术等。同时融入了一些耳熟能详的勾股定理、日晷、浑仪等中国古代数学成就。中国古代数学成就无一不是为了人们的生产生活，时令农耕需要数学，建房造屋需要数学。我们以原始映照数学，将历史中的古代数学成就链接游戏世界，让中国古代数学文化以全新的方式弘扬出去。

设计重点、难点

1. 问题：游戏代码体量较大要考虑性能问题，而3D场景中的剔除技术不支持烘焙。

设计思路：编写了动态渲染的代码，使得能够达到同时存在几千个物体不掉帧。

2. 问题：服务器采用云服务器，腾讯云会定期连接服务器造成，C#编写服务器的误判。

设计思路：更改了心跳处理的位置，增添判断，try-cacth语句并且书写报错文档。

3. 问题：如果延迟过高会造成丢包、断包、半包、粘包的情况。

设计思路：使用队列存储发送信息并判断是否发出信息，未发送并且服务器未断开（发送count!=0，心跳仍存在），尝试再次发送。

4. 问题：MySQL防注入。

设计思路：使用AddParams并使用正则表达式判断是否为特殊字符。

5. 问题：按键会存在读取使用过多问题。

设计思路：编写InputCenter以订阅和回调的方式取代单个获取按键读取。

6. 问题：游戏物体过多（聊天信息，植物，动物），大量的生成销毁会造成额外的性能开销，增加GC回收的负担。

设计思路：编写各种中心，采用自己编写的对象池，销毁时隐藏掉并且开始计时，生成只需要关闭隐藏回归初始值。

7．问题：生存游戏，存储游戏数据数量较多较杂。

设计思路：（1）封装编写的存储本地的函数；（2）统一读取和存储数据（分别采用dat和json等形式存储）。

8．问题：实时同步问题（例如玩家1上线，玩家2未在线，过后玩家2上线玩家1仍旧显示未在线，而实时读取会造成大量性能开销）。

设计思路：采用客户端和服务器均订阅的方式。

9．问题：读取MySQL服务器会造成游戏的卡顿，体验极差，而使用多线程无法使用Unity的框架。

设计思路：采用队列存储解析字符串的方式，在多线程加入队列，在Update判断队列是否存在后解析字符串。

10．问题：Unity自带的寻路系统会占用大量性能并且需要烘焙。

设计思路：编写了动物的自动寻路攻击脚本。

11．问题：Unity字典无法序列可视化，调试和实例化不方便。

设计思路：重新编写了以List为内核（可能造成性能损失）的可序列可视化字典。

12．问题：C#Socket服务器中使用的线程计时器频繁出现问题（如资源已经释放仍然执行）。

设计思路：添加多重判断并且及时销毁，改变计时器的结构。

13．问题：工具具有一定的耐久并且可以堆叠。

设计思路：使用List存储耐久值，在变换物品数量位置时进行列表的改变。

14．问题：因为使用string字符串拼接较多会造成GC回收的负担，造成卡顿等。

设计思路：使用StringBuilder进行拼接。

15．问题：在游戏进行中游戏时长过长会加重GC回收负担。

设计思路：在某些特殊地方主动触发GC。

16．问题：确保申请的MySQL对象安全地释放。

设计思路：使用using语句安全释放。

17．问题：避免生物直接生成在玩家身旁造成消极的影响，例如，提高难度，随机性较大，突然出现造成游戏体验差。

设计思路：在生成前判断玩家的生成半径，如果在其中不生成，如果有范围不在其中会在该范围内随机生成。

18．问题：防止外挂，玩家出现卡关现象和方便调试。

设计思路：制作了指令系统，玩家可以输入指令来获取相应的物品或者执行相应的功能。

19．问题：保证线程程序安全运行，保证运行速度较快且程序阻塞时间较短。

设计思路：在恰当的地方采用lock线程锁。

20．问题：游戏代码量较大，存在大量方法需要灵活地调用。

设计思路：代码中灵活地运用了delegate，Action，UnityEvent等委托。

21．问题：游戏部分程序连接网络或者服务器需要大量的反应时间。

设计思路：代码中灵活地运用了await，Task.Run()，Task.Run().Wait等线程方法开启线程，分别实现等待并行等功能。

22．问题：游戏需要大量的数据去预存储。

设计思路：大量使用Unity内置的ScriptObject配合自行编写的可序列化字典进行数据的处理。

23．问题：云服务器可能会受到攻击或者腾讯云扫描等潜在因素。

设计思路：开发了局域网联机，玩家只需要安装并启动局域网专用的服务器即可联机（官服和私服）。

24．问题：使玩家退出和进入发送请求或信息时，及时通知好友（请求对象）。

设计思路：在服务器添加了订阅，由客户端发送需要订阅的对象，服务器接收后判断玩家是否在线并且添加上线的事件，如在线向玩家发送玩家位置、天气等信息。

25．问题：实现对话系统，方便编辑文本，优化玩家的交互。

设计思路：在游戏中添加了对话系统，使用Ink插件编写与Ink语言交互，玩家点击按键触发选择，并触发不同的事件发展方向。

26．问题：方便玩家自定义按键和实现丰富的设置。

设计思路：采取订阅更改的方式，如果该按键或设置发生改动，向设置中心添加订阅，在点击应用设置后进行Invoke触发，并且采用ScriptObject设置，在应用设置后将ScriptObject转换成可序列化类再进行Json序列化，在游戏打开时如果没有Json的配置文件，则读取屏幕能够默认采取的最高分辨率。

12.2.5 篮球智语——智能交互系统

作品文档下载（二维码、网址）：https://www.51eds.com/tdjy/courseDetail/searchCourseDetail.action?courseId=690

作品信息

作品编号：2024042171　　　　作品大类：软件应用与开发

作品小类：移动应用开发（非游戏类）

获得奖项：一等奖

参赛学校：北京邮电大学

作　　者：王依然、高雅、马煜明、孙浩然、白雪影

指导教师：吕雄策、吴铭

作品简介

篮球智语——智能交互系统旨在为传统篮球运动注入智能化元素。通过对现有篮球场地进行数字化改造，依托丰富的用户数据和专业的数据分析和运动评估模型，本项目能够

为用户提供个性化的运动数据分析服务，提供高质量且易于访问的体育配套服务，满足人们对智能篮球运动体验的需求。

演示效果

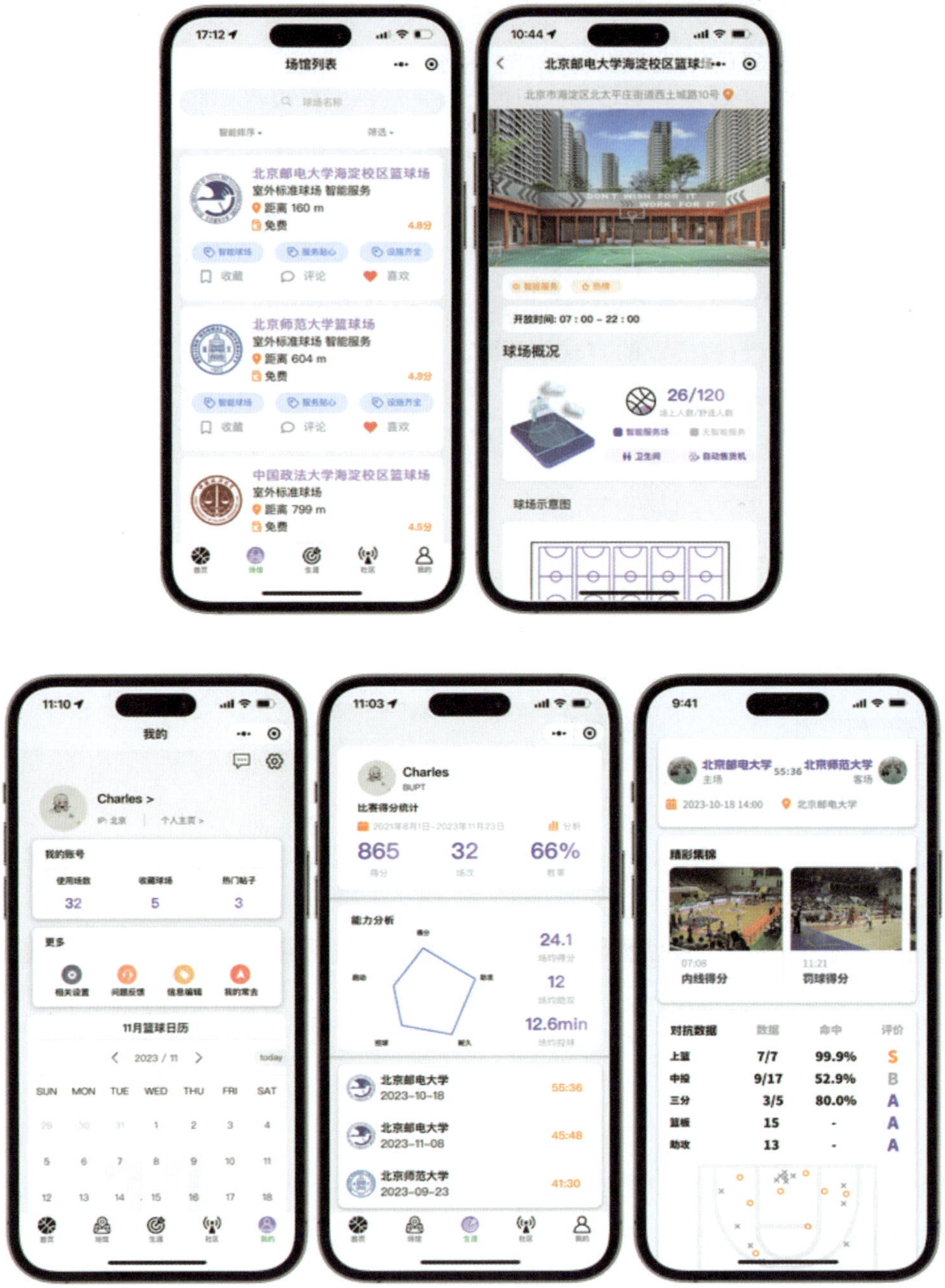

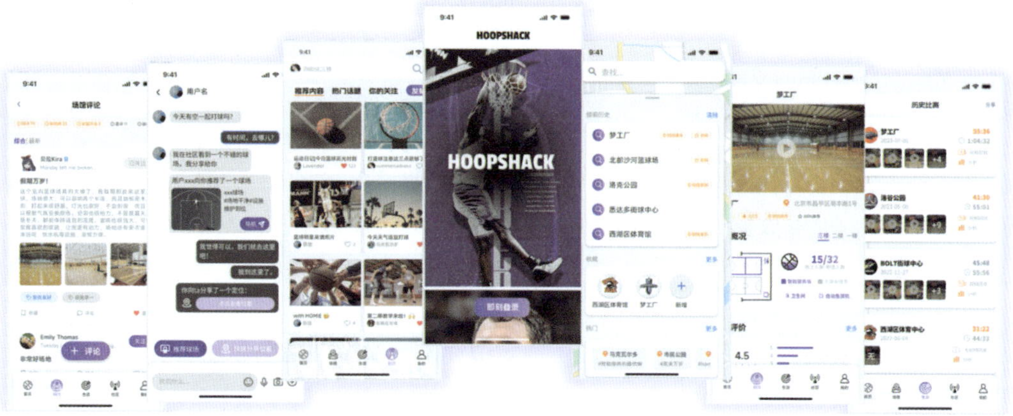

设计思路

1. 功能一：球场查询＋球场实时人数

根据定位为用户提供附近的球场选择，并实时显示人数和球场评价，方便用户选择。

2. 功能二：生涯分析与精彩回放

根据用户的打球数据，进行数据智能分析和信息可视化，为用户提供可视的生涯分析。

3. 功能三：篮球交流社区

用户可以在社区发帖，建立自己的主页，方便交到志同道合的朋友。社交模块可以在功能模块的基础上构建。

4. 功能四：智能篮球教练

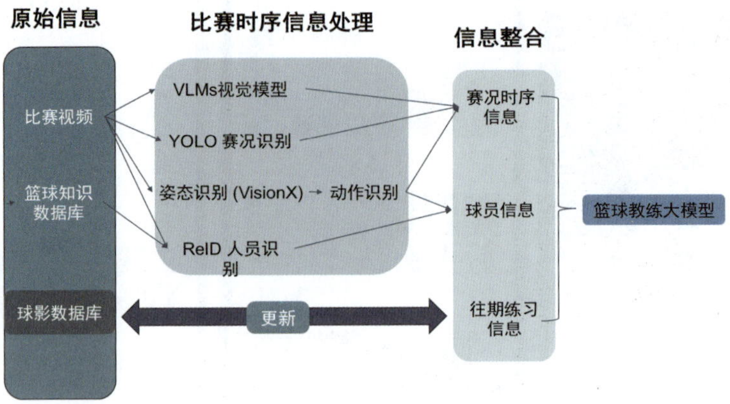

5. 功能五：大模型篮球解说

根据一定的解说惯例，融合时序信息，智慧生成解说词。通过事件时间点对齐解说词与视频。加入停顿控制，让语句更贴合实际。

设计重点、难点

1. 数据传输和信息安全技术

（1）物联网加密传输

场边服务器与云服务器、服务器与客户端之间使用AES-GCM对称加密算法对数据进行加密并上传，确保数据在互联网传输过程中的保密性和防篡改，有效降低了隐私泄露的风险。

（2）面部模糊

对人脸敏感照片进行模糊处理甚至生成虚拟面部，减少泄露隐私的可能。

（3）实时流传输协议

在场边服务器中，经过初步处理的视频数据通过实时流传输协议（RTSP）上传至云服务器。RTSP为流媒体的控制提供了标准化框架，使得从场边到云端的视频传输更为流畅且高效。

2. 身份信息识别与视频匹配

结合YOLOv8、ResNet50和ReID技术，提取用户特征并识别视频中的用户身份，实现视频个性化推送与个人数据统计，确保视频片段精确推送。

3. 姿态估计与分析

使用VisionX对篮球运动中的关键姿态进行分析。

对视频中的关键帧进行分析，识别动作不当、扭伤等多种运动伤害风险，及时提出预警，保障用户运动安全；建立综合的运动数据分析及指标评定模型，为用户提供个性化、专业的运动指导意见，帮助运动者更好地理解和改进其篮球技能。

4. 用户个人视频数据分析

提取篮球技术动作、投篮位置和角度，分析运动轨迹，计算个人得分和命中率，创建运动数据报告，包括投篮热图和统计数据等，构建详细的生涯运动数据档案。

5. 球场运营数据分析

分析客流密度、客流趋势等关键指标，智能硬件状态信息的实时展示，管理系统与用户小程序深度融合，提供数据支持，助力球场运营决策。

12.2.6 观羽无界——文化与自然交织的观鸟交互平台

作品文档下载（二维码、网址）：https://www.51eds.com/tdjy/courseDetail/searchCourseDetail.action?courseId=690

作品信息

作品编号：2024067846　　　　作品大类：软件应用与开发

作品小类：Web应用与开发

获得奖项：一等奖

参赛学校：上海大学

作　　者：俞秋旭、陆昊韬、周韩、张凯瑞、曹凯

指导教师：高洪皓、方昱春

作品简介

观羽无界——文化与自然交织的观鸟交互平台系统，面向广大观鸟爱好者，提供八大模块、三十二个功能，系统功能涵盖鸟类信息查询、动态发表、观鸟记录提交、AI工具、组织、信箱以及系统管理等，管理员可以管理维护整个系统，并对用户行为进行约束。

演示效果

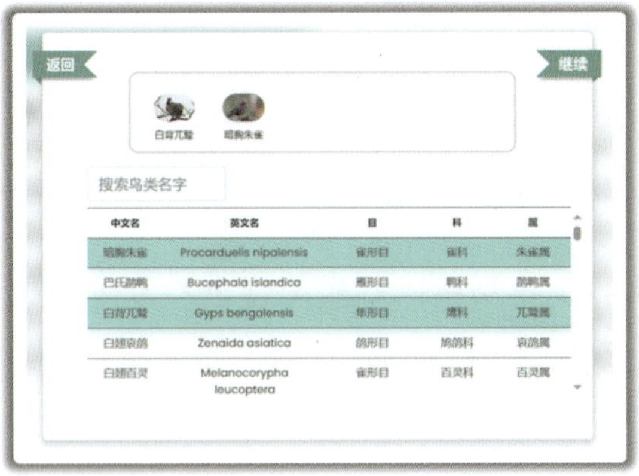
返回
继续
搜索鸟类名字
中文名
英文名
目
科
属
Procarduelis nipalensis
Bucephala islandica
Gyps bengalensis
Zenaida asiatica
Melanocorypha leucoptera

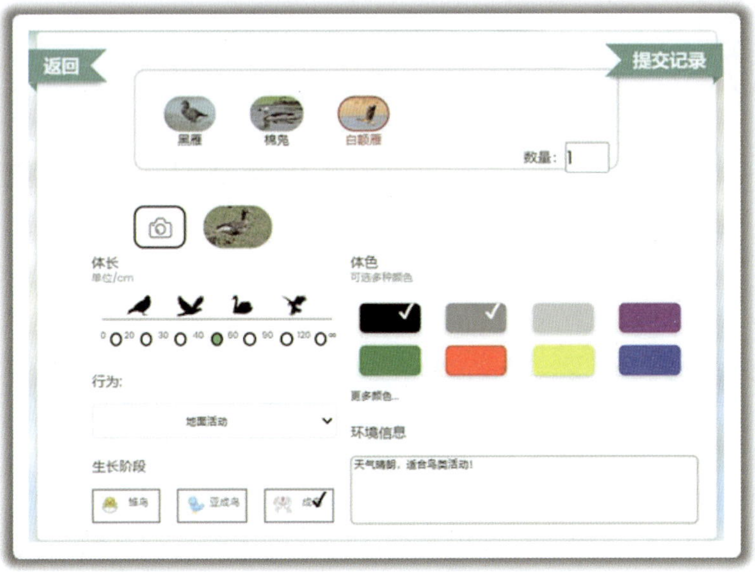
返回
提交记录
黑雁
棉凫
白额雁
数量：1
体长
单位/cm
体色
可选多种颜色
行为:
更多颜色...
环境信息
生长阶段
天气晴朗，适合鸟类活动！

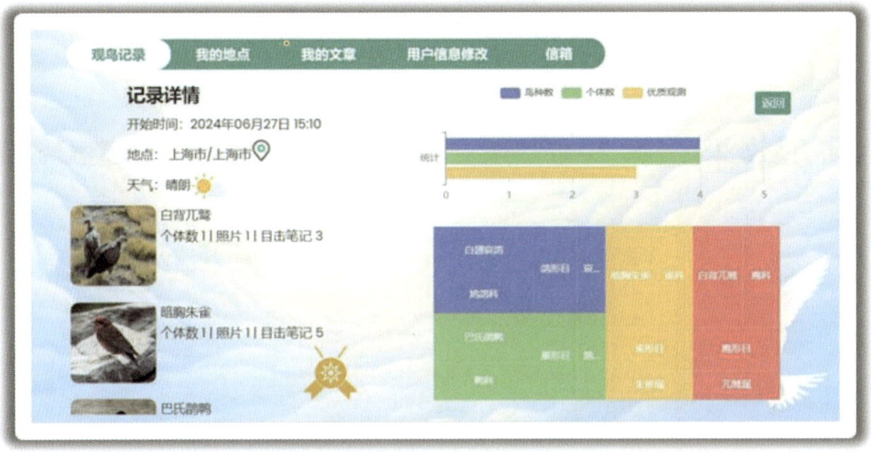
观鸟记录
我的地点
我的文章
用户信息修改
信箱
记录详情
开始时间：2024年06月27日 15:10
地点：上海市/上海市
天气：晴朗
白背兀鹫
个体数1 | 照片1 | 目击笔记3
暗胸朱雀
个体数1 | 照片1 | 目击笔记5
巴氏鹊鸭
返回

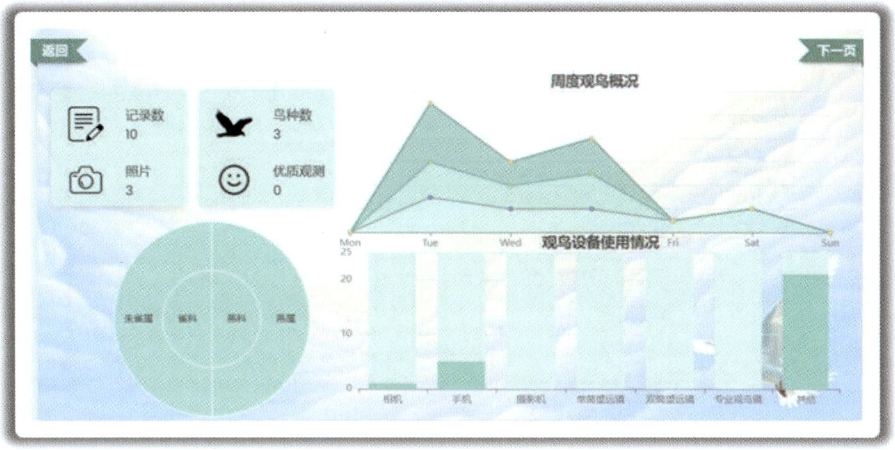
返回
下一页
周度观鸟概况
记录数
10
鸟种数
3
照片
3
优质观测
0
Mon
Tue
Wed
Fri
Sat
Sun
观鸟设备使用情况
25
20
10
0
相机
手机
摄影机

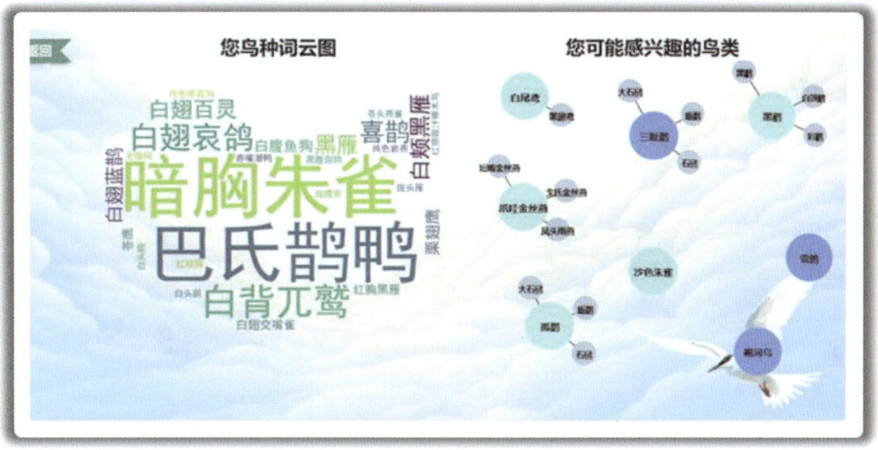
返回
您鸟种词云图
您可能感兴趣的鸟类
白翅百灵
白翅哀鸽
喜鹊
黑雁
白颊黑雁
白翅蓝鹊
暗胸朱雀
巴氏鹊鸭
栗翅鹰
白背兀鹫
白尾鹞
三趾鹬
沙色朱雀

观羽无界
首页
请选择搜索类型
欢迎！观羽
全民观鸟节，一起嗨！
作者:观羽
+关注作者
发布时间: 2024-04-17
4
5
5
发现飞羽之美:
在这里，每一次抬头仰望，都有可能遇见新的惊喜。无论是城市的公园，还是偏远的自然保护区您的每一次探险，都将成为我们共同的珍贵记忆。
热点新闻
发布时间：2024-04-17
作者：观羽
全民观鸟节，一起嗨！
发布时间：2024-04-17
AI

观鸟记录
我的地点
我的文章
用户信息修改
信箱
历史文章
发布文章
我的收藏
我的投币
文章状态
修改文章
序号 文章标题 发布时间 点赞量 收藏量 投币量 删除文章
1 雪舞银驰，鸮翔塞北 2024-04-18 6 5 5
2 "爱鸟周"活动开始啦 2024-04-15 4 2 3
3 画眉与文鸟：鸟类中的艺术与文化 2024-04-15 0 0 0
4 古蜀人向往飞鸟般的自由 2024-04-17 5 5 4
5 敦煌壁画中1600岁的鸟 2024-04-17 5 3 5
6 全民观鸟节，一起嗨！ 2024-04-17 4 5 5
上一页
下一页

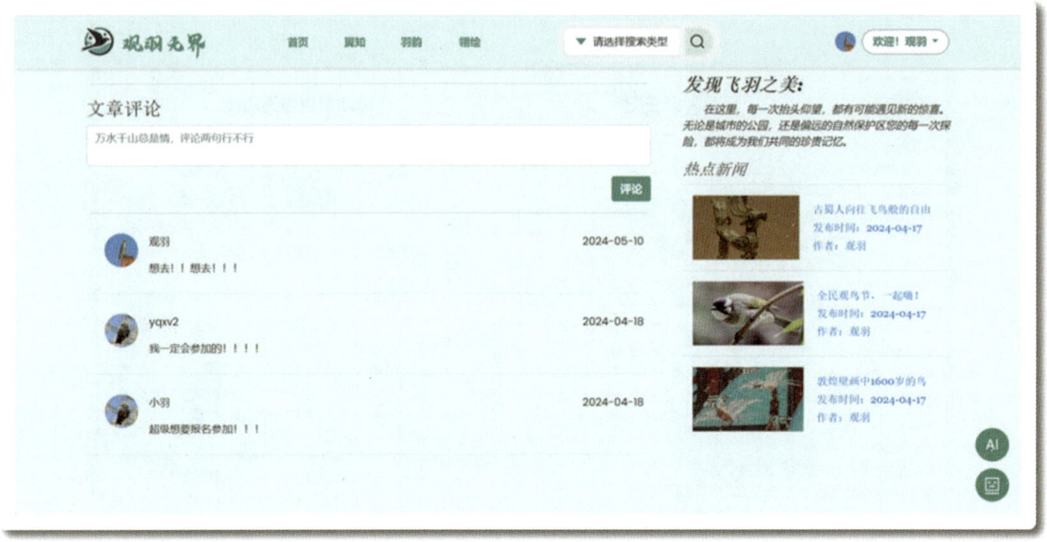
观羽无界
首页
请选择搜索类型
欢迎！观羽
文章评论
万水千山总是情，评论两句行不行
评论
观羽 2024-05-10
想去！！想去！！！
yqxv2 2024-04-18
我一定会参加的！！！！
小羽 2024-04-18
超级想要报名参加！！！
发现飞羽之美：
在这里，每一次抬头仰望，都有可能遇见新的惊喜。无论是城市的公园，还是偏远的自然保护区您的每一次探险，都将成为我们共同的珍贵记忆。
热点新闻
古蜀人向往飞鸟般的自由
发布时间：2024-04-17
作者：观羽
全民观鸟节，一起嗨！
发布时间：2024-04-17
作者：观羽
敦煌壁画中1600岁的鸟
发布时间：2024-04-17
作者：观羽
AI

观鸟记录
我的地点
我的文章
用户信息修改
信箱
历史文章
发布文章
我的收藏
我的投币
文章状态
修改文章
序号 文章标题 发布时间 状态
1 生态之美 2024-04-15 待审核
2 羽毛世界：鸟类的多彩生活 2024-04-15 已拒稿
3 祁连山的冬日卫士 2024-04-15 待审核
4 雪舞银驰，鸮翔塞北 2024-04-18 审核通过
5 冬至到荣成寻梦天鹅 2024-04-15 待审核
6 "爱鸟周"活动开始啦 2024-04-15 审核通过
上一页
下一页

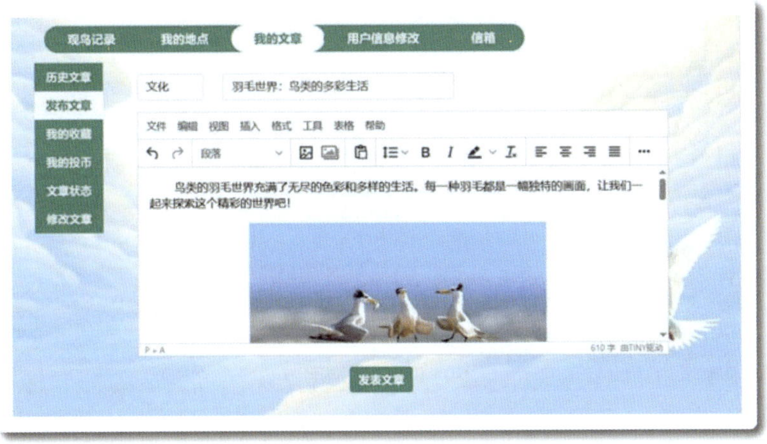
观鸟记录
我的地点
我的文章
用户信息修改
信箱
历史文章
发布文章
我的收藏
我的投币
文章状态
修改文章
文化
羽毛世界：鸟类的多彩生活
文件 编辑 视图 插入 格式 工具 表格 帮助
段落
鸟类的羽毛世界充满了无尽的色彩和多样的生活。每一种羽毛都是一幅独特的画面，让我们一起来探索这个精彩的世界吧！
发表文章

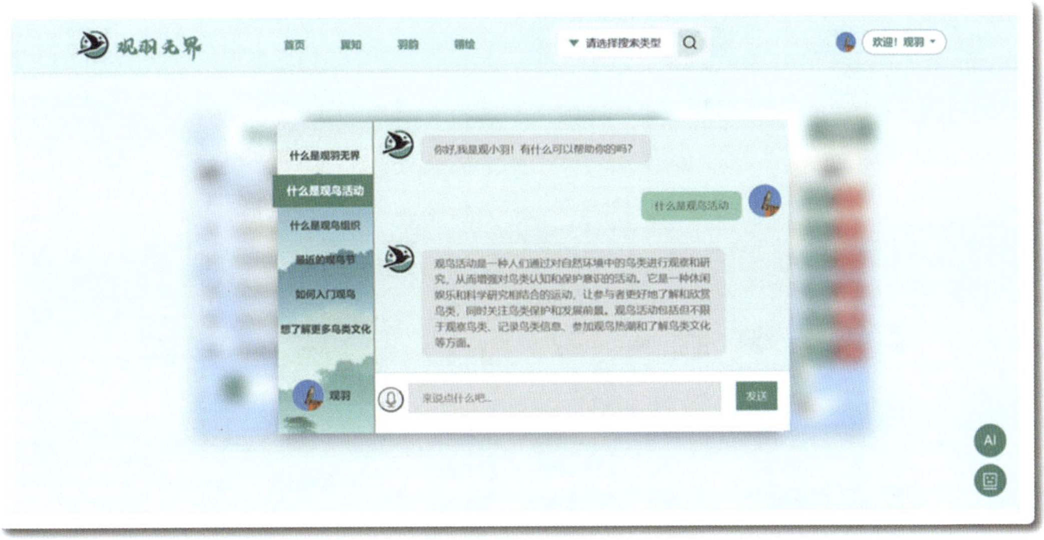
观羽无界
首页
请选择搜索类型
什么是观羽无界
什么是观鸟活动
什么是观鸟组织
如何入门观鸟
想了解更多鸟类文化
你好,我是观小羽！有什么可以帮助你的吗？
什么是观鸟活动
发送
AI

观羽无界
首页
请选择搜索类型
选择鸟类声音文件
开始识别
选择文件
test20.mp3
识别结果
黄头金雀
基本介绍
黄头金雀（学名：Auriparus flaviceps，英文名：Verdin）
生活习性
图片识鸟
听音辨鸟
AI

设计思路

1. 功能模块

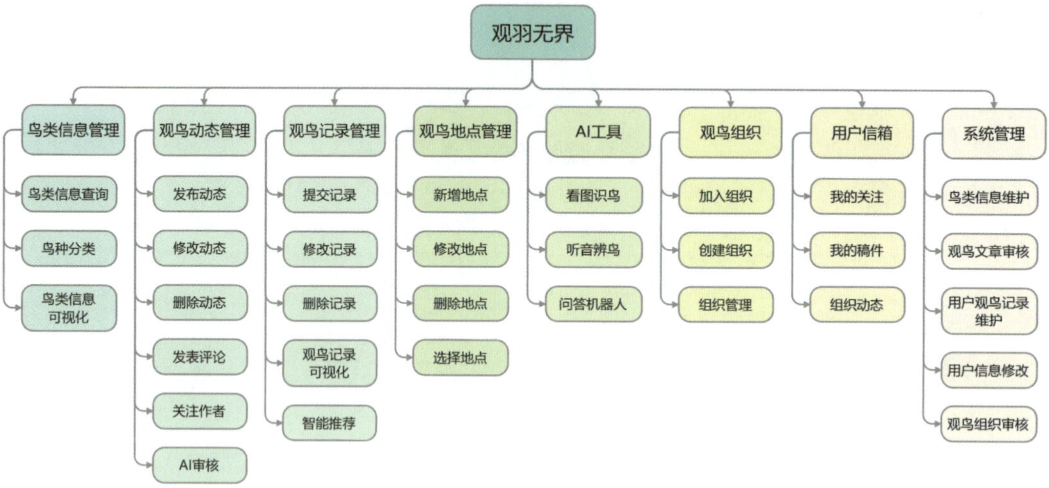

2. 技术架构

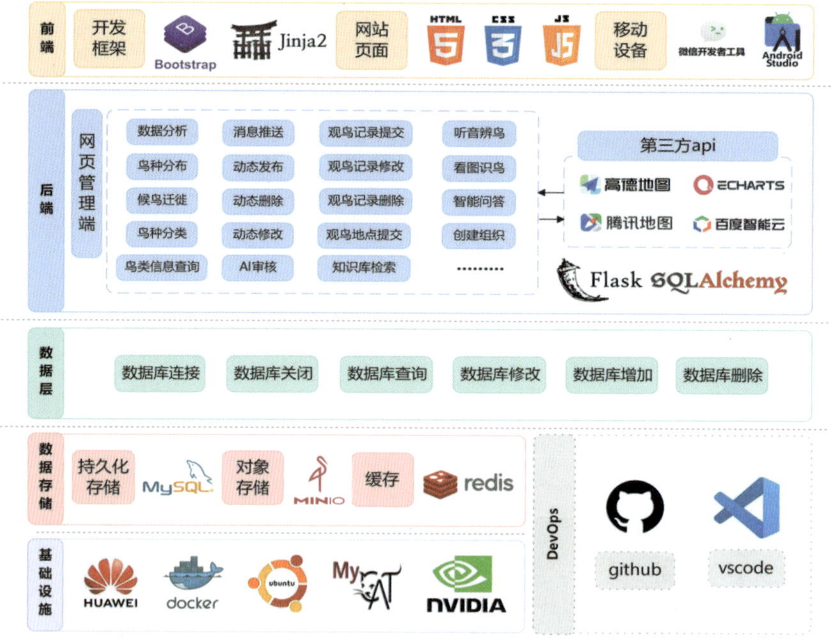

3. 总体架构

系统数据存储采用MySQL+Redis+MinIO混合存储模式，使用JSON进行数据传输，平台为用户提供了Web端、微信小程序端、App端。

（1）Web端：Web端面向所有群体和用户，提供平台所有功能，但是使用不够便携。

（2）微信小程序端：提供平台部分核心功能，提供平台的便捷访问和使用，增加用户黏度。

（3）App端：体验更加流畅，打造更加丰富的生态。

设计重点、难点

1. 基于本地知识库的问答机器人

将文档、鸟类数据向量化，以文件形式存储，用户问题向量化，并进行相似度匹配，匹配内容和用户问题一起作为提示词，大模型输出结果。

2. 智能推荐算法

通过用户上传的观鸟记录和协同过滤算法，预测用户兴趣，根据鸟类特征向量和热门推荐，解决冷启动问题。混合推荐进行初筛，大模型学习更复杂的特征表示，输出最终推荐结果。

12.2.7 数韵流彩

作品文档下载（二维码、网址）：https://www.51eds.com/tdjy/courseDetail/searchCourseDetail.action?courseId=690

作品信息

作品编号：2024035800　　　　作品大类：数媒静态设计

作品小类：平面设计专业组

获得奖项：一等奖

参赛学校：东北大学

作　　者：宋佳讯、张梓涵、夏榕

指导教师：霍楷、樊丁宜

作品简介

我们从地理、天文、农业、军事四个领域入手，选取地动仪、日晷、斛、投石车作为对应领域主体物，通过小场景展现主体物的发展过程，通过插画的形式来吸引人们对数学的关注，展现中国古代数学在生活中的重要性。

通过将现代计算机绘画技术与中国传统元素结合，将数学原理图形化，人物通过Q版形象展现，描绘应用场景，从故事小场景中将数学原理展开，吸引更多人了解、激发兴趣，弘扬古代数学的伟大成就及影响。

斛
粮

设计思路

1. 初步想法

主题：地理、天文、农业、军事、建筑五个领域。

主体物：地动仪、日晷、斛、投石车、太和殿。

装饰元素：中国传统纹样。

数学原理来源：《九章算术》《周髀算经》《天工开物》《梦溪笔谈》《中国古代天文学思想》等。

2. 设计思路

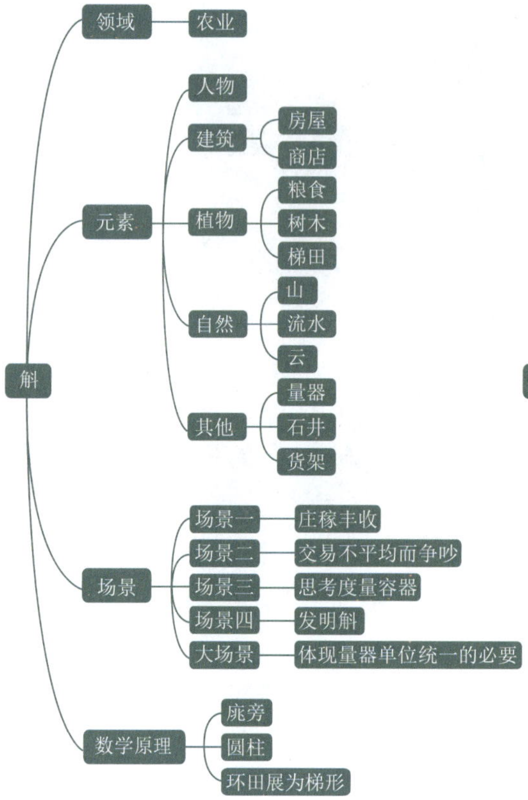

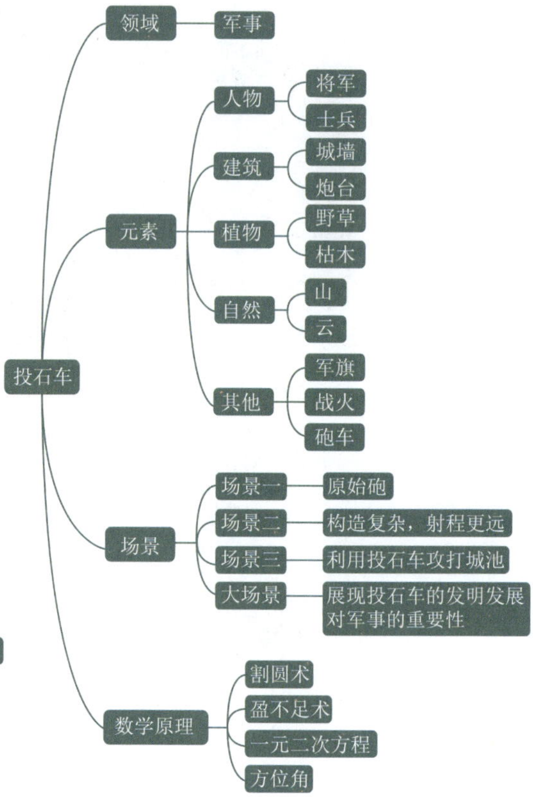

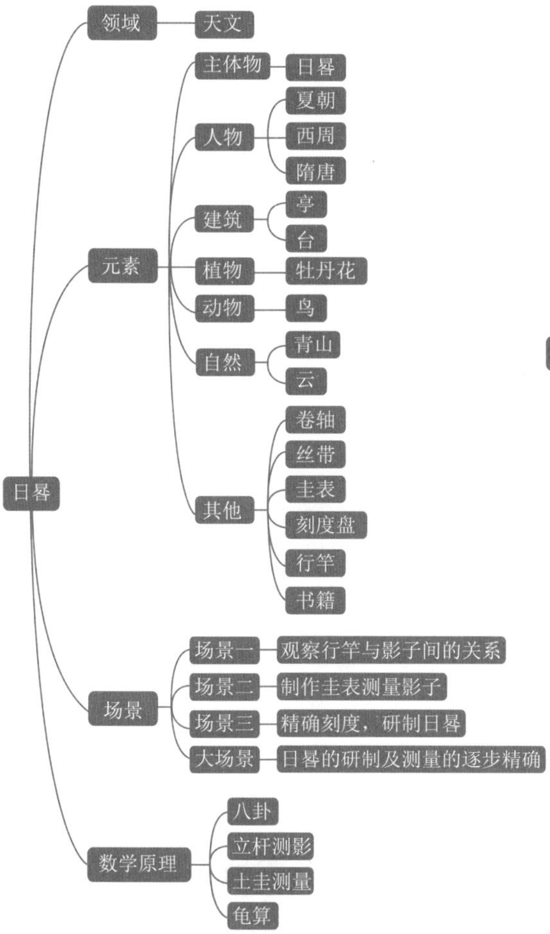
日晷
领域
天文
元素
主体物
日晷
人物
夏朝
西周
隋唐
建筑
亭
台
植物
牡丹花
动物
鸟
自然
青山
云
其他
卷轴
丝带
主表
刻度盘
行竿
书籍
场景
场景一
观察行竿与影子间的关系
场景二
制作主表测量影子
场景三
精确刻度，研制日晷
大场景
日晷的研制及测量的逐步精确
数学原理
八卦
立杆测影
土圭测量
龟算

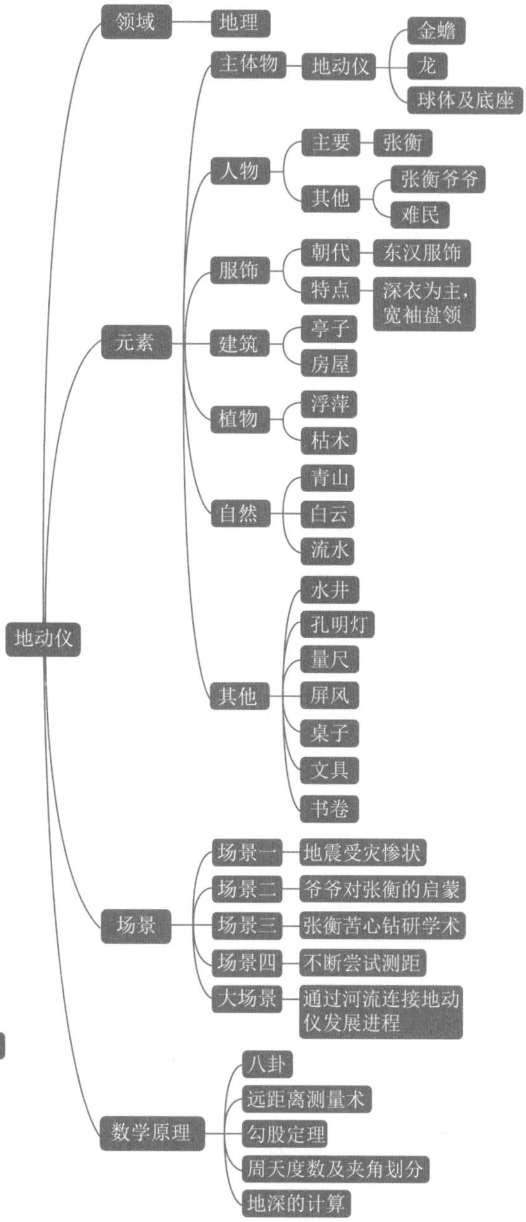
地动仪
领域
地理
元素
主体物
地动仪
金蟾
龙
球体及底座
人物
主要
张衡
其他
张衡爷爷
难民
服饰
朝代
东汉服饰
特点
深衣为主，宽袖盘领
建筑
亭子
房屋
植物
浮萍
枯木
自然
青山
白云
流水
其他
水井
孔明灯
量尺
屏风
桌子
文具
书卷
场景
场景一
地震受灾惨状
场景二
爷爷对张衡的启蒙
场景三
张衡苦心钻研学术
场景四
不断尝试测距
大场景
通过河流连接地动仪发展进程
数学原理
八卦
远距离测量术
勾股定理
周天度数及夹角划分
地深的计算

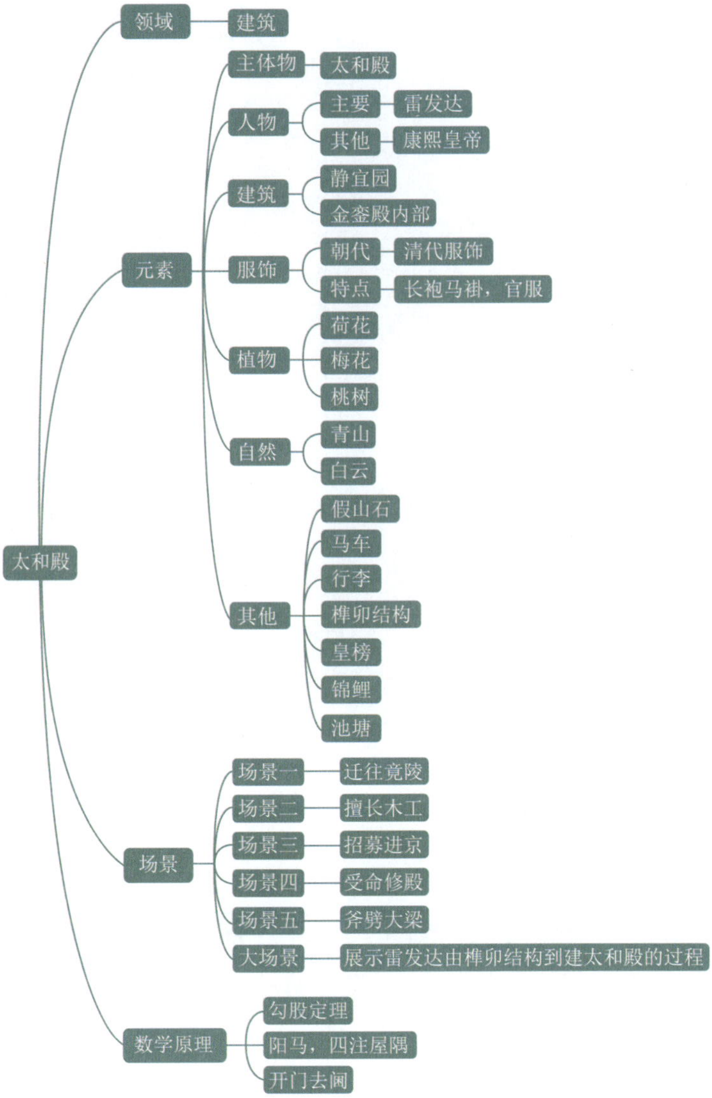

设计重点、难点

1．故事画面根据主体物的发展进程展开。

2．将现代计算机绘画技术与中国传统元素结合，描绘应用场景，从故事小场景中将数学原理展开。

12.2.8　圆率数韵　星耀中华

作品文档下载（二维码、网址）：https://www.51eds.com/tdjy/courseDetail/searchCourseDetail.action?courseId=690

作品信息

作品编号：2024058557　　　　作品大类：数媒静态设计

作品小类：平面设计普通组

获得奖项：一等奖

参赛学校：中央民族大学

作　　者：林昕懿、崔可歆、朱賫

指导教师：卢勇

作品简介

作品以祖冲之的人物故事、科学成就为主题，以他在数学、科学领域的卓越贡献和传奇人生为切入点，通过插画和长画卷相结合来表现，旨在弘扬科学家精神，强调科学家精神对于人类智慧的启迪和指引。作品用长画卷的形式串联起祖冲之在学术领域及人生经历的重要时刻和贡献。每一段画面呈现出祖冲之在不同历史时间背景下的探索，将其融入一个持续的叙事之中，通过视觉流动感和叙事连贯性，展现祖冲之的卓越成就。

演示效果

设计思路

1. 作品形式

综观长画卷之优势，犹如一江春水，悠悠而长，可以容纳千言万语，展示风雨沧桑，弘扬中国特色。

长画卷——以祖冲之的数学、科学成就和思想为中心，通过不同的画面串联起他在学术领域及人生经历的重要时刻和贡献。每一段画面呈现出祖冲之在不同历史时间背景下的数学探索，将他的数学理念、发现和成就融入一个持续的叙事之中。旨在通过视觉流动感和叙事连贯性展现祖冲之的卓越成就。

静态图、动态图、视频、文创多形式呈现，让人物活起来，故事动起来，增强融入性、参与性和互动性。

作品形式动静结合，动态作品和静态作品相互补充，使观众对祖冲之的人物形象、故事情节、精神、品德既有静态画面的定格化记忆，又有动态化的情节记忆，以及文创商品带来的融入感、参与感。

动态图、视频，让人物和画面"活起来""动起来"，情感感受更真实，更能打动观众。

文创商品带给观众融入感、参与感，是对精神文明、人物品格的实物化、符号化，观众以其作为精神标榜、品格价值的象征。

2. 故事选择和设计

选择了最能展现祖冲之的数学成就和科学思想的故事。

3. 场景选择和设计

以故事发生的真实记录为依据，将祖冲之一生的主要成就整合在作品中，同一时空里展现给观众。先后考察南京市博物馆等地，突出选择具有代表性的圆周率、大明历等故事，以及他所设计的水碓磨、指南车、千里船、定时器、欹器、漏壶等，最大化还原并呈现这些细节。

4. 时间线

展示祖冲之从年幼到年老的事迹、成就。穿越时空，呈现在观众的眼前。伟大的事迹和精神一直存在。

设计重点、难点

1. 2D 转 3D 动态图

2D 转 3D，由平面转向立体，展现的人物形象与故事本身，形成贯穿之势，让观众感觉走进画面，更易被接纳、被认可、被广泛传播。

2. 人物动态图

插画创造人物形象色彩鲜明，更利于打造 IP 形象，更直观地展现给观众，动态图让故事和人物活起来，利于文创和传播。

12.2.9 望江南·超然台作

作品文档下载（二维码、网址）：https://www.51eds.com/tdjy/courseDetail/searchCourseDetail.action?courseId=690

作品信息

作品编号：2024008250　　　　作品大类：微课与教学辅助

作品小类：汉语言文学（限于唐诗宋词）

获得奖项：一等奖

参赛学校：海南师范大学

作　　者：刘笑菲、丁一、钟飞飞、许锦茹、郭艺迪

指导教师：罗志刚、周春花

作品简介

本课选取“超然台”为切入口和线索，通过采取外景拍摄、动画制作、教师出镜讲解、模拟课堂等方式，带领学生理解意境描写和苏轼心境感悟的重难点，从而让学生感悟诗词魅力、体验“超然”感受、弘扬“东坡文化”。

演示效果

诗酒趁年华

欢迎来到今天的语文微课堂

望江南·超然台作
寒食后
· 对家国桑梓的思念
· 对过去生活的怀念
故人——思故国
即对故人思故国

设计思路

1. 选题依据

超然台与苏轼其人契合的豁达精神，“诗酒趁年华”与当今时代相契合的精神内核，通过知人论世，全方面了解苏轼。

2. 情景导入

以“虽有荣冠，燕处超然”导入课堂，增强学生的情感体验。

3. 角色扮演

通过扮演苏轼其人，为学生营造一个仿佛与苏轼对话的空间，深入理解苏轼抒发的情感。

4. 实景教学

通过实景教学，展现传统课堂中少见的古朴诗意的场景，提升学生审美趣味，激发学生学习兴趣。

5. 思政启迪

“诗酒趁年华”穿越千年时空与习近平总书记的寄语相契合，引导学生走出课本，树立远大人生目标。

设计重点、难点

1. 重点

理解白描手法，掌握相关文学常识，理解“寒食后”的双重意蕴体悟并总结词中“休”“新”的深刻内涵。

2. 难点

联系超然台与苏轼之间共同的豁达精神，将“诗酒趁年华”与时代背景结合，探寻人生目标。

12.2.10 守护呼吸村庄——呼吸道对空气的处理

作品文档下载（二维码、网址）：https://www.51eds.com/tdjy/courseDetail/searchCourseDetail.action?courseId=690

作品信息

作品编号：2024061807　　　　作品大类：微课与教学辅助

作品小类：中、小学数学或自然科学课程

获得奖项：一等奖
参赛学校：延边大学
作　　者：赵欣、代萌霞、刘欣悦、秦悦宬
指导教师：赵琳琳

作品简介

本作品选自人教版生物七年级下册第四单元第三章第一节，以近年来困扰人类的呼吸系统疾病为背景，搭建“情景式教学、PBL式教学、可视化教学”三位一体教学模式，使课堂“活起来”、知识“动起来”、同学“做起来”。

演示效果

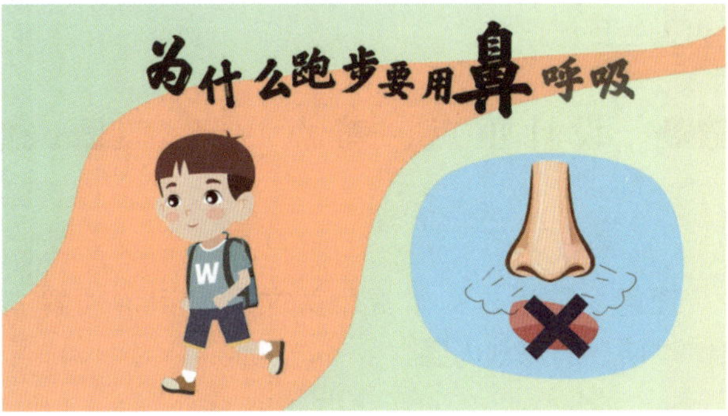

设计思路

1. 教学目标

（1）知识目标

能够描述出呼吸系统的组成；能够说出呼吸道的作用。

（2）能力目标

通过分析生活中的现象，培养学生的逻辑分析能力和观察能力；以图像的方式作为课堂小结，培养学生的分析归纳能力。

（3）思政目标

关注自身呼吸系统健康，培养从自身做起的一级预防意识；认识到空气质量的重要性，形成自觉维护空气质量的意识；认同呼吸道对空气的处理是有限的，树立敬佑生命价值观。

2. 作品设计流程

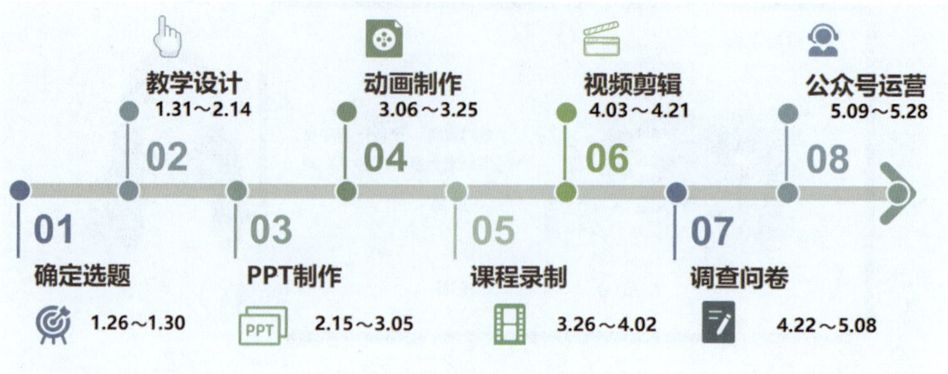

3. 教学设计

点明主题，动画引入；动态教学，问题引导；联系生活，深入思考；延伸思考，课后探索。

4. 教学亮点

（1）情景式教学

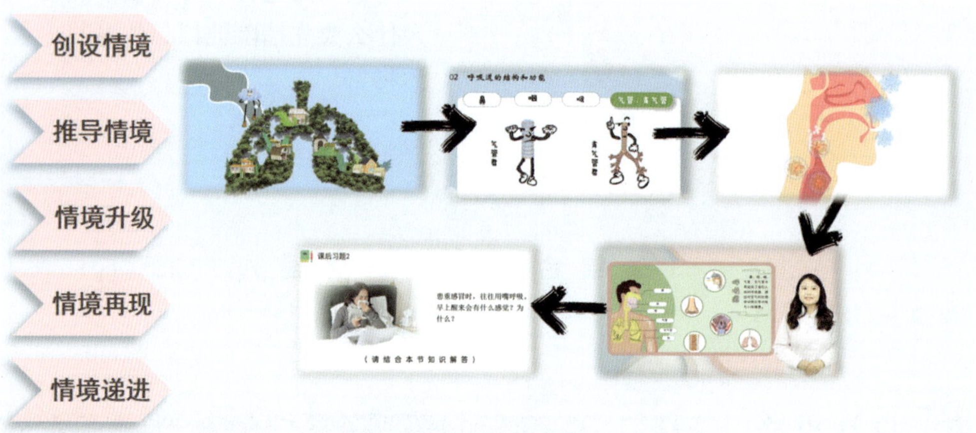

（2）PBL教学

（3）可视化教学

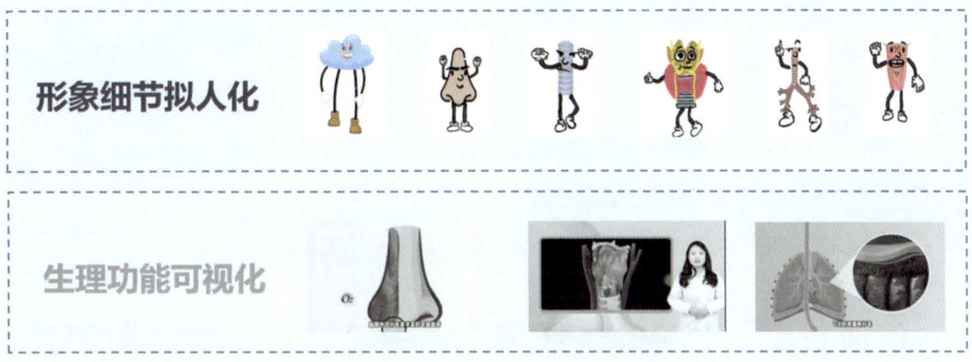

（4）交互式教学

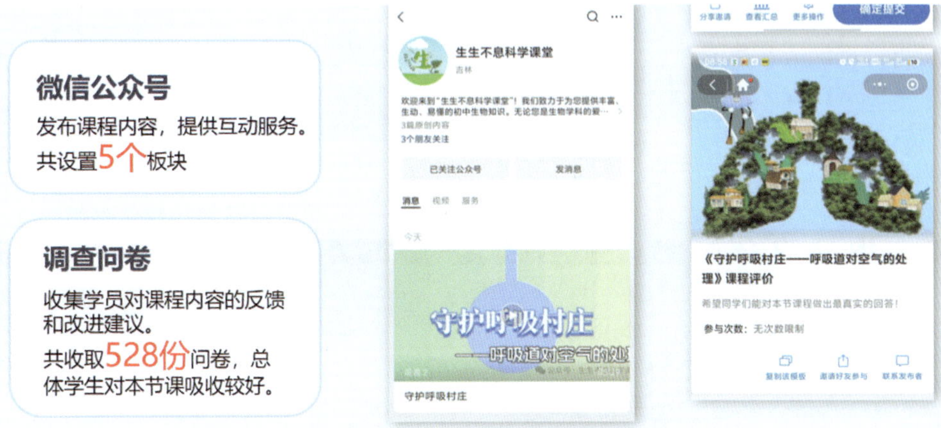

设计重点、难点

1. 微课PPT制作

使用PowerPoint与WPS，共制作三版、96页PPT。

充分利用其“切换”“动画”功能，并进行点亮特效创作，使PPT达到合适的强调效果。

2. 动画制作

使用万彩动画大师进行动画、转场等特效的制作，充分运用其中动画参数、镜头等功能达到适合的动画效果，共设计7段完整动画。

3. 图片素材制作

使用Photoshop制作使用的静态素材：8个人物素材、10个场景素材、28个教学素材。

4. 视频剪辑制作

使用剪映与Adobe Premiere Pro进行完成动画衔接、场景转换、人像的处理、添加字幕、音频轨道等剪辑工作，经过103次修改打磨形成最终作品。

12.2.11 牧野割草机器人

作品文档下载（二维码、网址）：https://www.51eds.com/tdjy/courseDetail/searchCourseDetail.action?courseId=690

作品信息

作品编号：2024067656　　　　作品大类：人工智能应用

作品小类：人工智能实践赛

获得奖项：一等奖

参赛学校：电子科技大学成都学院

作　　者：柯宇、王欣怡、刘皓宇

指导教师：王旭、李艳莉

作品简介

紧扣时代绿色环保理念，设计智能割草机器人，自动路径规划、自动调节割草高度，项目完成了割草机器人的三维模型构建、控制系统设计、实物的制作与测试，从测试的结果来看，整体功能良好，达到了预期目标。

演示效果

设计思路

1. 主要功能

避障功能：利用雷达感知系统，智能割草机能够实时检测并避开障碍物，确保平稳割草。

定位导航功能：智能割草机能够通过GPS模块定位割草区域，确保覆盖率和割草效果。

视觉辅助避障功能：借助Yolov5等视觉辅助系统，智能割草机能够通过摄像头实时监测周围环境，识别障碍物，并在避障路径规划中提供额外信息。

远程操控功能：提供远程操控功能，用户可以通过手机应用或其他设备控制智能割草机的启停、速度调整等操作，实现便捷操控。

高性能电机驱动系统：智能割草机配备高性能电机系统，提供足够的动力输出，确保在各种地形条件下稳定运行和高效割草。

割草盘升降功能：通过分析陀螺仪传感器数据和摄像头障碍物检测，来得知当前车身的一个倾斜情况和地形，根据车身倾斜角度调整割草盘的高度，确保割草效果。

2. 性能需求

数据集使用：使用包括各种环境下的障碍物和地形特征的数据集，如自然地形、建筑物、植被等。

数据来源：传感器采集数据以及自行采集的实地数据等。

数据规模：数据规模应足够大，覆盖不同地域、不同季节、不同天气条件下的各种情况，以确保模型的鲁棒性和泛化能力。

3. 总体架构

智能割草机采用了多种先进技术，包括雷达避障系统、定位导航系统、视觉辅助避障系统、远程遥控系统和高性能电机驱动系统。这些技术共同作用，使得割草机能够智能化地避开障碍物、感知地形并自动调整割草盘的高度，可以远程控制割草，同时利用高性能电机提供强劲的动力，从而提高割草效率和质量。以下是技术路线框架图，展示了各个模块之间的关系和工作流程。

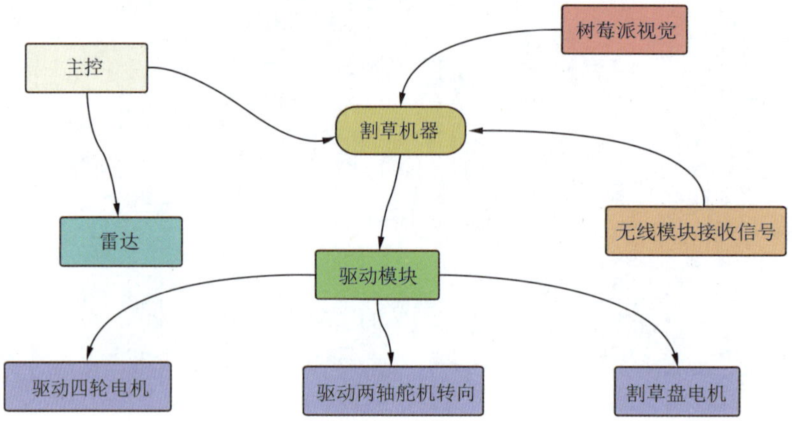

设计重点、难点

进行割草路径的自主规划，让割草机在设定的区域内进行割草，且可以根据不同的地形自主调节割草高度，使割草的高度始终适宜，同时还能更好地进行避障，不会存在受到干扰无法进行避障的问题。全地形底盘可以使割草机在崎岖、有坡度的地方也能平稳运行。

12.2.12 NJU Logistic Crew

作品文档下载（二维码、网址）：https://www.51eds.com/tdjy/courseDetail/searchCourseDetail.action?courseId=690

作品信息

作品编号：2024006378　　　　作品大类：人工智能应用
作品小类：人工智能挑战赛：智慧物流专项挑战赛
获得奖项：一等奖
参赛学校：南京大学
作　　者：窦思哲、傅奕诚、曾可涵
指导教师：辛博、陶烨

作品简介

本作品模拟物流分拣流程，在ROS框架下，编写建图与自主导航算法，一键启动机器人，机器人自主导航至邮件分拣台，运用视觉算法识别邮件，搭配机械臂和自主设计、3D打印的末端结构吸取邮件，将邮件投入邮件放置箱。

演示效果

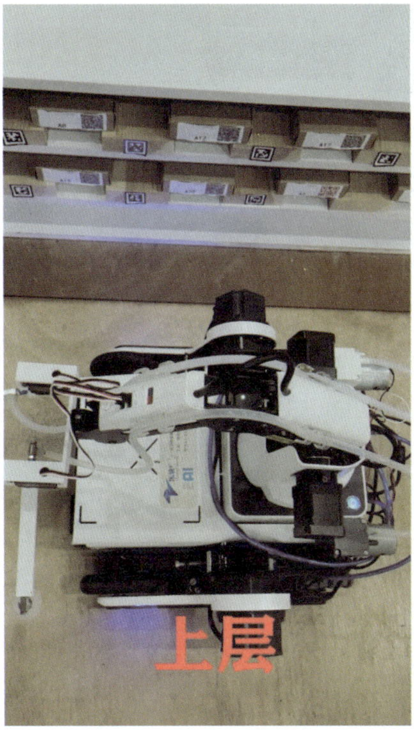

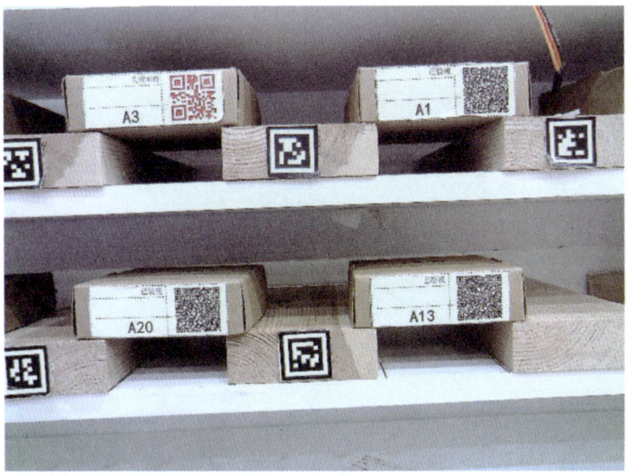

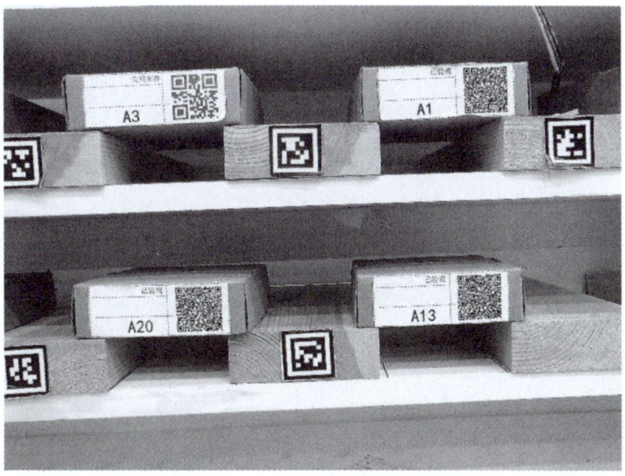

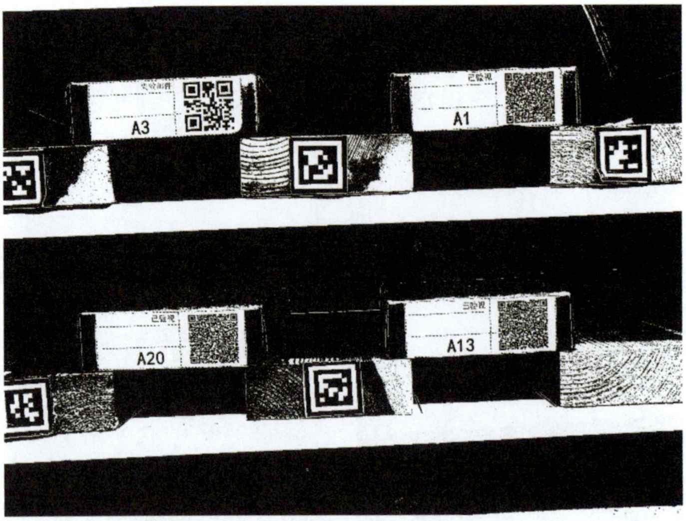

设计思路

1. 技术路线

本次智慧物流挑战赛中，本作品一切工作在Ubuntu16.04操作系统上以LEO机器人为载体，搭载越疆Dobot Magician机械臂，使用ROS机器人操作系统进行软件开发。

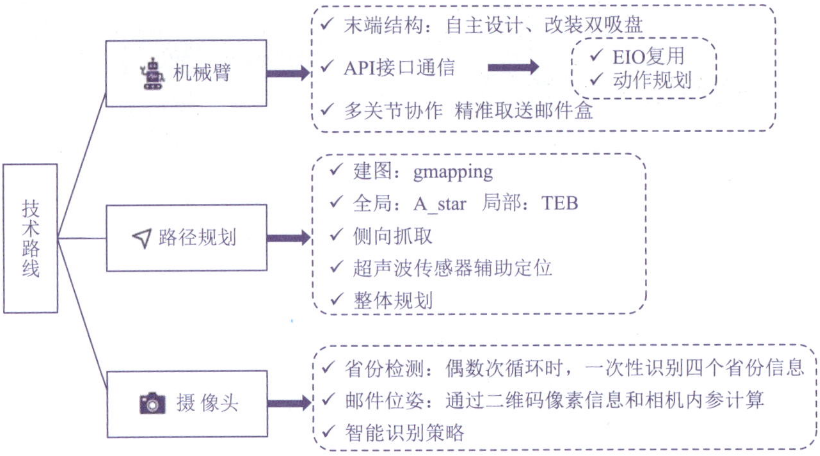

本作品分为三个模块——机器人建图导航、机械臂移动抓取和图像识别，并在此基础上层层细分，接下来将分模块详细介绍。

2. 具体模块

（1）路径规划

在比赛开始前，通过gmapping算法进行建图，再用原创的set_box_pose.py代码设置邮件分拣台和邮件放置箱在地图中的位置，便于后续导航。

在比赛中，使用A-star全局路径规划算法以及TEB局部路径规划算法，依次导航到邮件分拣台前，通过激光雷达与超声波传感器得到的反馈调整位置，方便进行识别和抓取。

接着根据摄像头反馈的省份信息导航到相应的邮件放置箱。重复以上过程直到所有邮件盒都被投递完。

（2）机械臂

①针对比赛场景，分模块编写对应接口。

故障检测与机械臂安全拉伸范围：根据机械臂物理结构与内置API接口（GetAlarmState、SetHOMECmd等），确保整个过程中机械臂的安全性。

邮件分拣台前吸取邮件过程：利用内置API接口（SetPTPCmd、SetEndEffectorSuctionCup、SetIOPWM、SetIODO等），自主改进双吸盘结构，根据摄像头传来的坐标信息，吸取并临时放置在LEO小车前，通过数学计算将两快递盒放置更紧凑。

邮件放置箱前放置邮件过程：利用内置API接口（SetPTPCmd、SetEndEffectorSuctionCup、SetIODO、SetIOPWM等），结合吸盘结构，在回收信号来临时，将车前的邮件投递到指定盒子中。

②针对比赛流程，进行逻辑优化。

在邮件分拣台前、邮件放置箱边，优化运动逻辑，使机械臂运动、机器人导航、二维码识别并行执行，节省时间。

（3）摄像头

LEO机器人抵达货架前时，判断是否为偶数次循环后向摄像头通信，开始图像识别。图像识别主要依赖opencv和zbar库识别二维码的图像信息和内部信息。

首先，确保摄像头拍摄到清晰可用的图像。多次循环判定，拍摄后进行多种处理再各自识别取最优结果。

其次，将图像分割为四部分，分别识别四个二维码的信息以减轻一张图像内多个二维码的识别缺失率。

最后，检测省份和定位二维码，编写省份检测函数和二维码定位算法。后者通过检测到的二维码像素坐标及像素大小和相机标定得到的内参矩阵，借助改进的定位算法计算得到所检测二维码在机械臂坐标下的位姿参数，并设置到参数服务器。两函数均封装好以方便多次调用。

设计重点、难点

1. 如何改进、调试路径规划算法，使其能够生成一条安全无碰撞的路径，并尽可能地减少速度损耗。

2. 如何准确识别邮件盒的位置和二维码中的省份信息，提升对环境的适应性。

3. 如何改进机械臂末端结构，使其在误差允许范围内，准确快速地吸取、投放快递盒。

4. 如何协调机器人、机械臂与摄像头以实现整个流程，并在误差或意外情况发生时，能够通过反馈修正当前状态。

12.2.13　洋眼看知音

作品文档下载（二维码、网址）：https://www.51eds.com/tdjy/courseDetail/searchCourseDetail.action?courseId=690

作品信息

作品编号：2024015988　　　作品大类：国际生“汉学”

作品小类：微课与教学辅助（国际生）

获得奖项：一等奖

参赛学校：江苏大学

作　　者：Michael Lordmark Mubaiwa、Bryan Panashe Mhaka

Rahman Tricia Oreoluwa、Mughogho Ben Samalani

指导教师：王华、徐丹

作品简介

从国际生视角，理解中华民族珍视友谊的精神追求。通过“高山流水”的文化典故，阐释知音文化的历史源流；以中华民族寻觅世界知音的生动案例，探讨知音文化的当代价值；启发国际生传播知音文化，推动文明交流互鉴。

演示效果

罗杰
杨靖

高山流水

设计思路

1. 选题缘由

（1）“高山流水”的典故仅聚焦于故事情节。

（2）反映中华民族“知音文化”的历史渊源为主。

（3）鲜有谈及寻觅知音的当代案例。

（4）缺乏启发学生传播“知音文化”的探索。

2. 作品内容

（1）符合作品赛道要求：紧密围绕“国际生汉学”主题。

（2）理解中华民族价值观：传达中华民族珍视友谊的精神追求。

（3）积累中国文化知识：通过“高山流水”的文化典故阐释知音文化的历史源流。

（4）提升跨文化思考能力：以中华民族寻觅世界知音的生动案例，探讨知音文化的当代价值。

（5）增强中华文明影响力：启发国际生传播知音文化，推动文明交流互鉴。

3. 作品设计

（1）教学方面

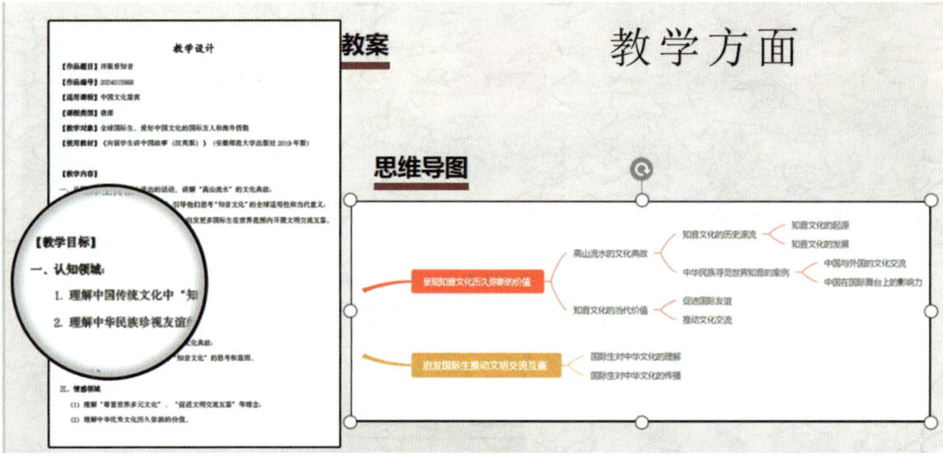

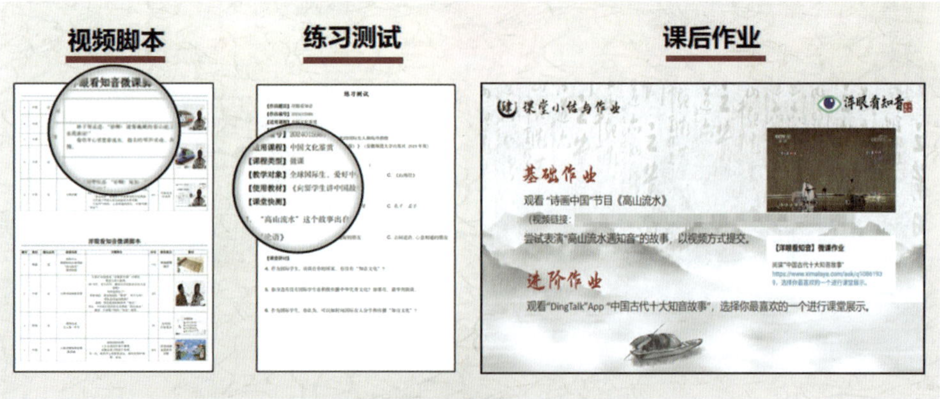

（2）多媒体方面

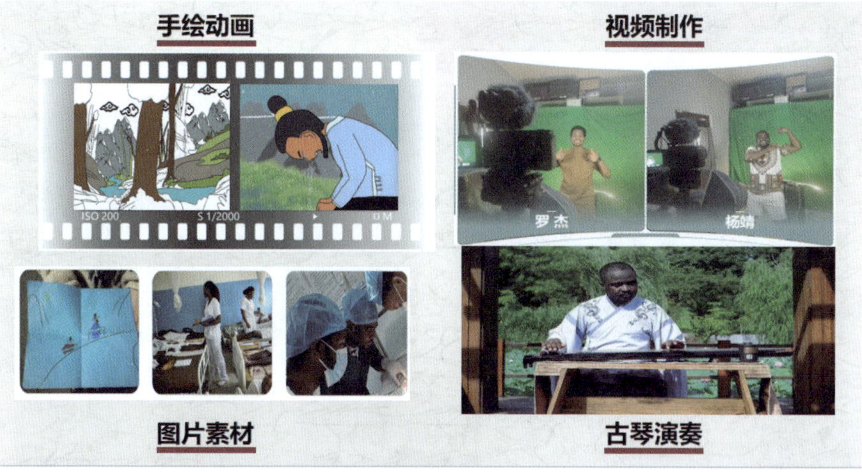

设计重点、难点

如何从国际生的视角理解和探讨“知音文化”是微课设计过程中的重点和难点。

12.2.14　求其所极 行其所愿

作品文档下载（二维码、网址）：https://www.51eds.com/tdjy/courseDetail/searchCourseDetail.action?courseId=690

作品信息

作品编号：2024050610　　　　作品大类：数媒动漫与短片
作品小类：动画普通组
获得奖项：一等奖
参赛学校：海军航空大学
作　　者：袁茂德、李元彬、周尚
指导教师：李祁、邢翠芳

作品简介

作品运用Blender等工具，打造一个构思巧妙、生动唯美的动画短片。以当代青年诗雨桐的经历与古代数学家刘徽、祖冲之探索“极限”史实编织故事主线，展现中国古代数学家对真理孜孜以求的探索精神，将古代数学成就与当代价值观的塑造完美融合。

演示效果

设计思路

1. 设计灵感与思路

我们偶然发现2015年湖北高考卷中出现的阳马和鳖臑的题目，将此作为引入点，穿越古今，延续古代数学对后世影响，主人公经过高考来到大学高数课堂，再次接触到极限思想，是整个作品的升华，将数学思想上升至价值追求。

在查找资料过程中，我们发现刘徽的不易之率与割圆术再到祖冲之的圆周率，都是极限思想的最好体现，反映了古代数学家的智慧与传承，是很好的素材。

2. 技术实现

（1）环境建模

场景建模使用结合节点让植物合理分布，更改世界环境色彩与光线，对阳马鳖臑等数学模型进行建模。

物品设计运用几何节点对脉络进行曲线的运用，再运用颜色渐变原理使其符合自然规律，一点一滴搭建起来。

（2）人物建模

采用VRoid Studio软件，对人物包括其服装、发型等模型的设计进行建立，充分展示了现代青年的活力与朝气。

（3）人物动作捕捉

通过真人实际演绎动画人物动作，并使用小K直播姬进行动作捕捉，人物动作自然流畅、贴合实际。

每一个角色的动作、表情、声音都单独制作完成，再放置于不同场景中进行演绎。

（4）视频合成

在blender环境中对各个分镜逐帧渲染完成后，我们利用pr和剪映进行后期的视频合成，包括精心选择的字幕字体、转场特效与背景音效，和画面搭配起来相得益彰。

设计重点、难点

人物建模以及人物动作捕捉是本作品创作过程中的重点和难点。

12.2.15 咫尺乾坤，器宇天下——中国人的数学测量智慧

作品文档下载（二维码、网址）：https://www.51eds.com/tdjy/courseDetail/searchCourseDetail.action?courseId=690

作品信息

作品编号：2024028684　　　　作品大类：数媒动漫与短片

作品小类：动画专业组

获得奖项：一等奖

参赛学校：华中科技大学

作　　者：邓盈颖、曹思颖

指导教师：张健

作品简介

作品以中国从古至今数学测量智慧的演进为主线，展现华夏民族在水利工程、礼器铸造、历法制定、尺度统一、生产创造、几何研究6方面的核心成就，贯穿10个朝代共计14种测量方法，展现其对人类现代科学思维、科技应用的深刻影响。

演示效果

漢
方田术
·九章济民生

设计思路

1. 叙事框架

咫尺乾坤，器宇天下
——中国人的数学测量智慧

叙事框架

叙事线索：朝代（时间）	叙事主题：测量成就	叙事模块：思想演替	叙事视角：演出人物	叙事背景：测量工具	叙事背景：文化元素	叙事背景：文化元素
史前（始）	体量法	布手知尺寸	小扁	人体	石子计数	七孔骨刀
夏	行山表木法	测距兴水利	小扁、小方	规矩准绳	大禹治水	耒耜
商	范铸法	标尺造器物	小扁、小方	商尺	青铜器	浇筑技艺
周	平气法	观日定历法	小扁	圭表	天干地支	历法
战国	岁星法、测影法	望星分节气	小扁	人眼	《甘石星经》恒星表	四时八节
秦	度量衡	统一度量衡	小角	度器、量器、衡器	春秋战国货币	秦半两
汉	积矩术	用矩正方圆	小角、小方	矩	《周髀算经》	开山凿井技术
汉	方田术、勾股术	九章济民生	小角、小方	步长	《九章算术》	古代农业
南北朝	割圆术	割圆求微数	小扁、小圆	算筹	《九章算术注》	隐士文化
清	重差法	承古继绝学	小扁	表尺	《海岛算经》	古代测绘
今	现代测算技术	拓今纵未来	小扁、小圆、小方	激光测距仪、计算机	卫星定位系统（北斗）	纳米制造

2. 风格推演

风格推演

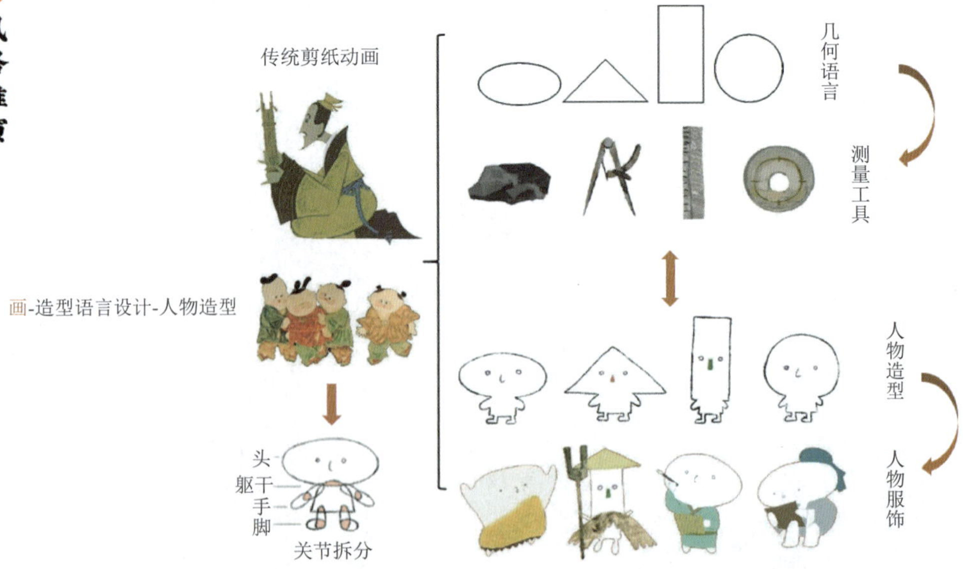

风格推演

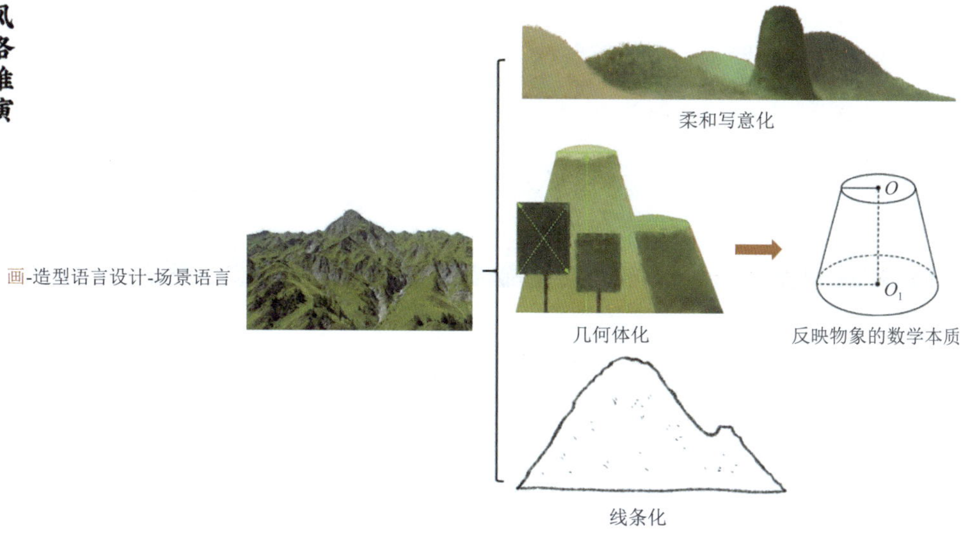

风格推演

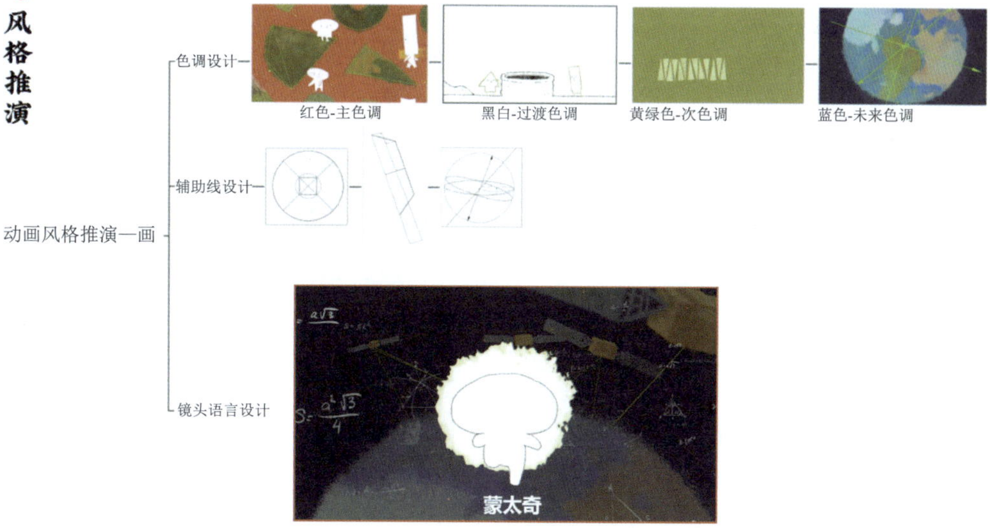

风格推演

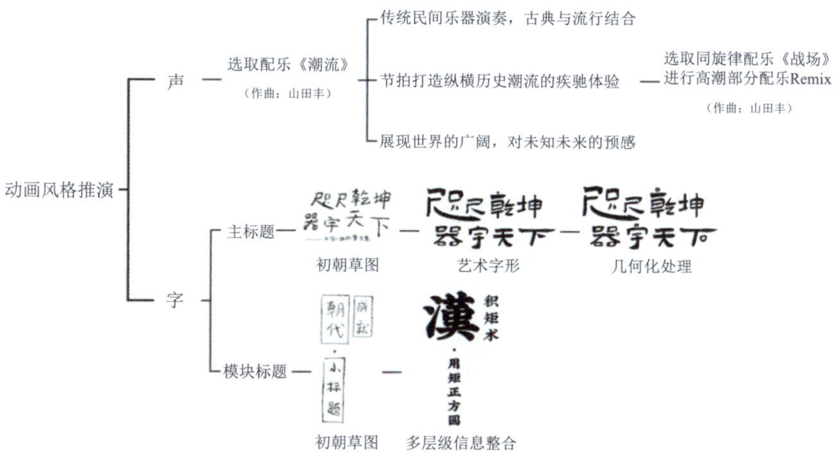

3. 人物设计

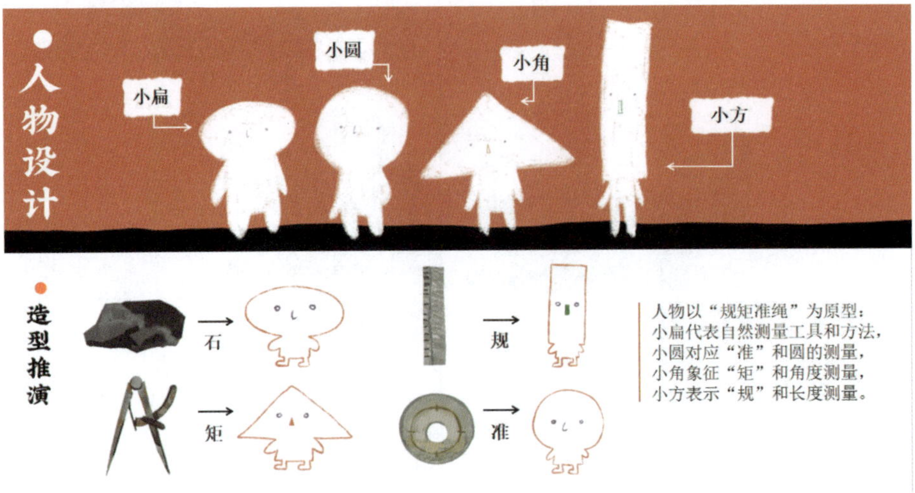

4. 服饰设计

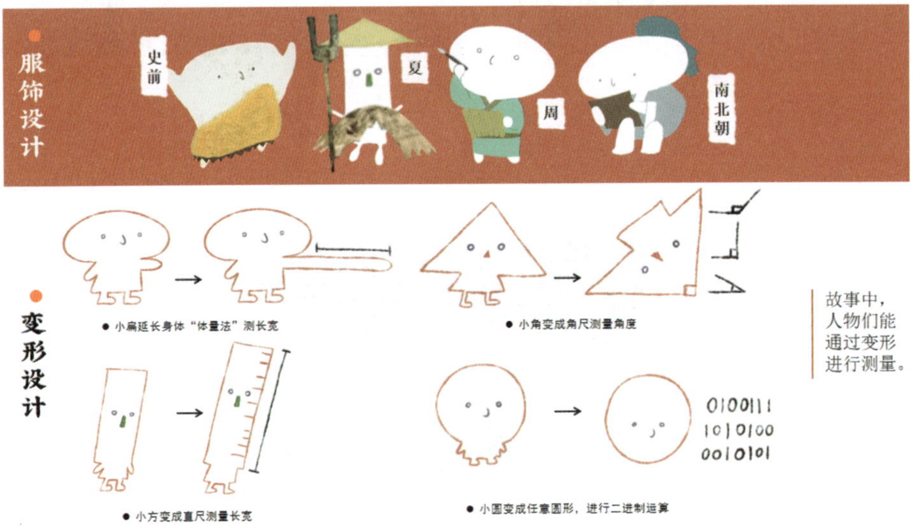

设计重点、难点

如何结合中国历史文化元素进行人物和场景设计是本作品的重点和难点。

12.2.16 基于深度视觉的果实套袋智能机器人

作品文档下载（二维码、网址）：https://www.51eds.com/tdjy/courseDetail/searchCourseDetail.action?courseId=690

作品信息

作品编号：2024004928　　　　作品大类：物联网应用

作品小类：行业应用

获得奖项：一等奖

参赛学校：常州工学院

作　　者：薛雯丽、戴永涛、张萍威、王非凡、庄文杰

指导教师：王鹏、李梦梦

作品简介

水果套袋是果树种植过程中的重要环节，这项操作烦琐、作业量大，目前主要采用人工套袋方式，需要消耗大量人力、物力，效率十分低下。

为解决上述问题，本团队研发了一款全自动智能水果套袋机器人。作品以STM32F103为主控核心，采用TOF深度摄像头与六自由度机械臂组成手眼追踪式伺服系统，实现果实的快速识别定位；底部采用履带式移动底座，使机器人能够在果园的复杂环境中自由移动；翻倒检测、电量监测、GPS定位、无线通信等辅助模块，可以实现在计算机端和移动端实时显示机器人的工作状态信息。

在实际使用时，操作者仅需坐在家中即可完成整片果园的套袋作业，不仅解放了农村劳动力，同时可为推进乡村农业现代化发展，建设社会主义新农村做出重要贡献。

演示效果

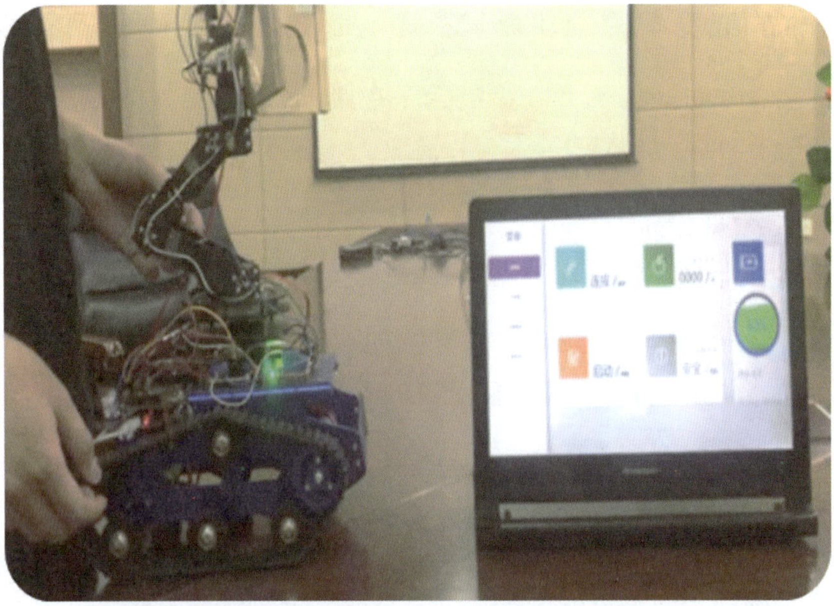

设计思路

随着时代发展与科技进步，水果的产量不断突破新高，人们也越来越重视水果的质量。而为了提高水果的产量和质量，果农们在种植果树过程中通常都会引入水果套袋这一操作，水果套袋可以做到隔离农药和环境污染，使水果无公害，还可以隔离病虫害及尘土，使成熟的水果表面光洁、色泽鲜艳，提高水果档次。但目前果农们进行水果套袋主要采用人工套袋的方式，人工套袋不仅消耗大量的人力、物力，效率还十分低。

为了解决现存问题，本项目拟研发一款基于机器视觉的智能水果套袋机器人，机器人同时具备全自动的水果识别、机械臂自动取袋、套袋功能，机器人实时定位、工作路径规划、工作状态检测，以及翻倒检测、异常报警、电量检测等辅助功能，用户还可通过计算机端或手机端对机器人状态进行实时监控，通过计算机或手机客户端可监控机器人是否链接网络、当前机器人工作位置、套袋数目、故障报警、电量显示，通过控制页面，用户可手动对机器人工作状态进行远程遥控。与目前存在的产品相比，智能水果套袋机器人功能更加全面，可实现对水果进行全自动套袋。本项目功能均为模块化，可根据用户的不同需求加以修改，具备更加广阔的市场空间和发展潜力。

设计重点、难点

1. 通过TOF深度摄像头实现对果实图像的采集，采用梯度向量对深度图像进行描述，以梯度向量图中散度极大值处定位到果实中心点的位置；采用了八方向搜索方法以灰度值、梯度值和梯度方向三者作为判别依据来搜索果实的边界点；将RANSAC算法用于果实部分点云的三维形状拟合，获取果实的拟合球形参数，最终实现果实的识别定位。

2. 机器人的机械臂是由连杆和伺服电机组成的多输入多输出、高度非线性的复杂系统，使用时视觉模块将目标果实的空间坐标作为输入量发送给主控板，主控板计算得出机械臂各节点电机转角输出并作用于机械臂，使机械臂末端装置到达果实目标位置，实现机械臂手眼追踪系统的闭环伺服控制。

3. 机器人与服务器建立通信方式采用TCP传输控制协议。利用HTML、CSS等编程语言制作机器人工作状态显示界面，然后调用MySQL数据库表单，利用AXAJ实现服务器界面的动态显示，完成整个机器人无线通信系统的实现。

12.2.17　全空间感知下的异常人员识别

作品文档下载（二维码、网址）：https://www.51eds.com/tdjy/courseDetail/searchCourseDetail.action?courseId=690

作品信息

作品编号：2024022771　　作品大类：物联网应用

作品小类：行业应用

获得奖项：一等奖

参赛学校：南京警察学院

作　　者：高琨、左书宇、李一航、王章程、肖玥

指导教师：陈俊雹、季新国

作品简介

不法分子在租房地点进行非法活动，监控设施不完善，管控困难。城市监控点位画面清晰度不足，身份识别需大量人力，效率低。我们研发基于柔性传感器阵列的IoT装置，并深度学习实现异常人员识别。

演示效果

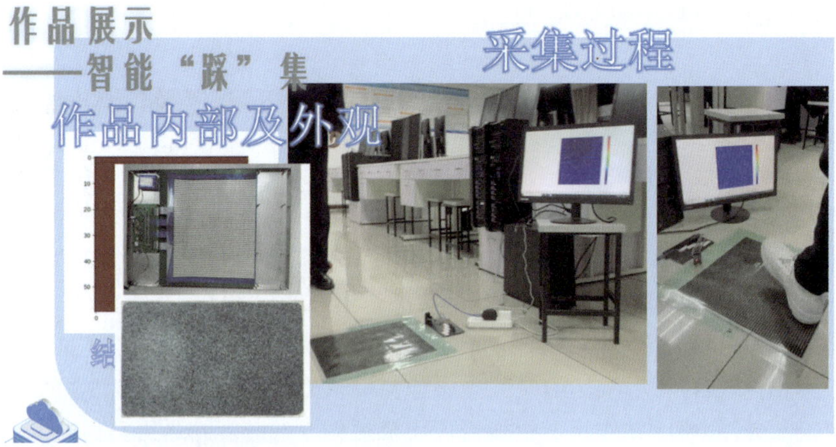

设计思路

1. 研究路线

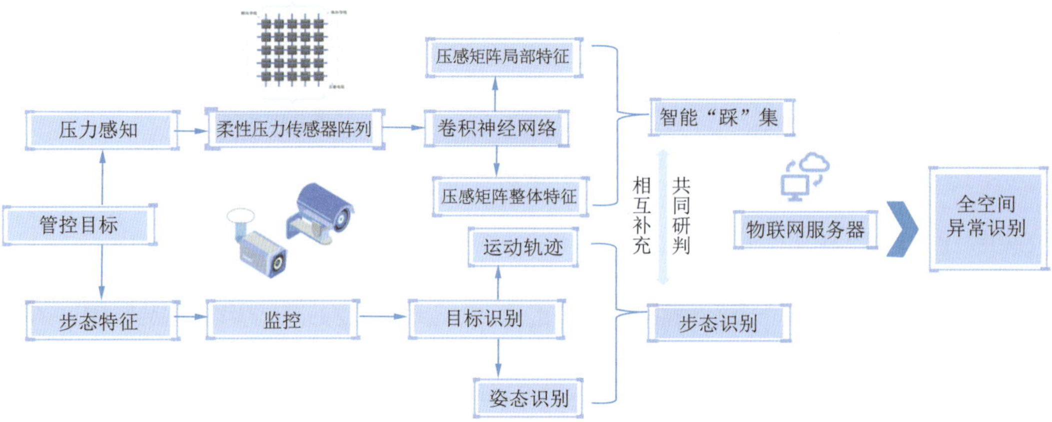

我们设计了一款全空间下的异常人员识别系统。我们依托柔性电子、步态识别及物联网技术，研发基于柔性传感器阵列的压力感知IoT装置，采用深度学习框架，研究基于压感数据的人员智能分类模型，研究基于视图数据的步态识别技术，通过全方位地感知识别异常人员，近距离的脚印识别加上远距离的身份判定（以人的步态特征为依据），仅需要画面中出现人的完整步态轮廓即可，不需要清晰的面部特征就可以实现人员身份识别，并采用可视化的方式实现人员监控。产品配备异常人员报警功能，通过短信发送给用户的方式实现实时对异常人员通报。该方案改善了传统监控“视野受限”“受环境影响大”“人员乔装”等痛点，使异常人员监控更符合实际情况，具有更广泛的使用。

2. 技术方案

（1）智能“踩”集技术流程

智能“踩”集主要对管控目标进行压力感知，通过柔性压力传感列阵，利用卷积神经网络提取其压感矩阵局部特征以及压感矩阵整体特征，最后对库中数据进行压感数据比对，进而识别出异常人员，从而实现智能“踩”集。

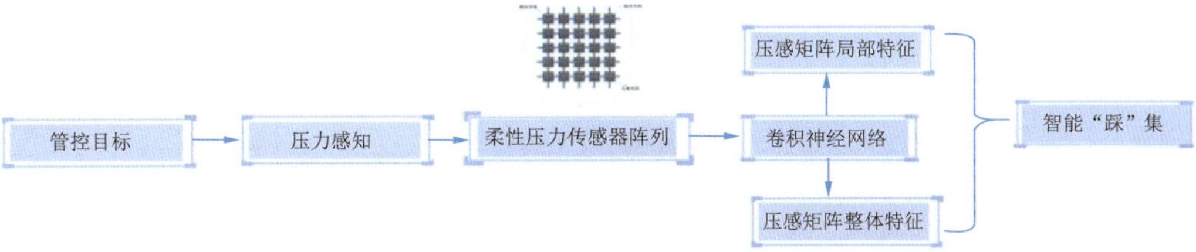

（2）步态识别技术流程

步态识别运用YOLOv8得到训练后的模型，可以自动将视频中识别到的物体标记名称以及使用矩形框选出来，并可以输出每一帧识别到的物体个数，准确率较高。同时YOLOv8姿态检测可以自动将视频中识别到的物体标记名称，并将人体进行打点、划线、追踪人体的姿势变化，最后进行记录。我们首先要对本地人员姿态的节点进行数据处理和保存。其次，要对可疑人员姿态的节点进行数据处理和保存，通过与已有的本地人员姿态数据进行比对，即可判断人员异常。

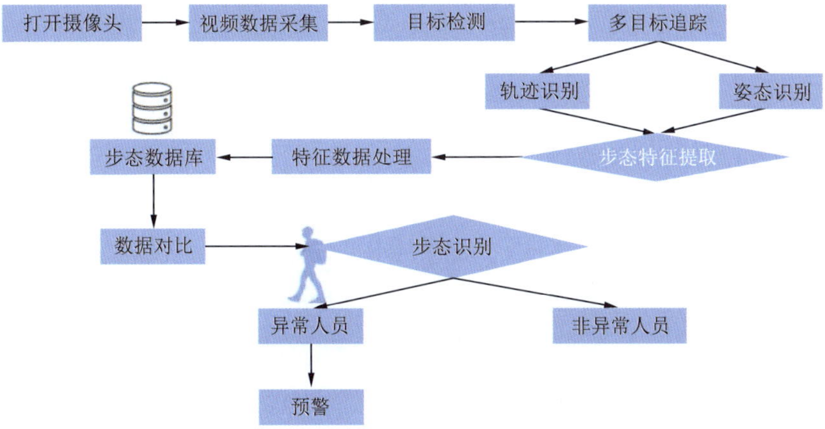

（3）物联网技术流程

Web数据可视化：使用Pyecharts创建可视化图表，然后创建Flask应用程序，再创建一个路由并在路由器中返回实时图像数据，最后启动Flask应用程序得到可观的可视化图表。

短信发送：使用阿里云调用API进行短信发送，使用SendBatchSms进行群发消息，通过柔性压感阵列或步态识别出任一为异常人员的情况，就会通知到每个预设定的人的手机上。

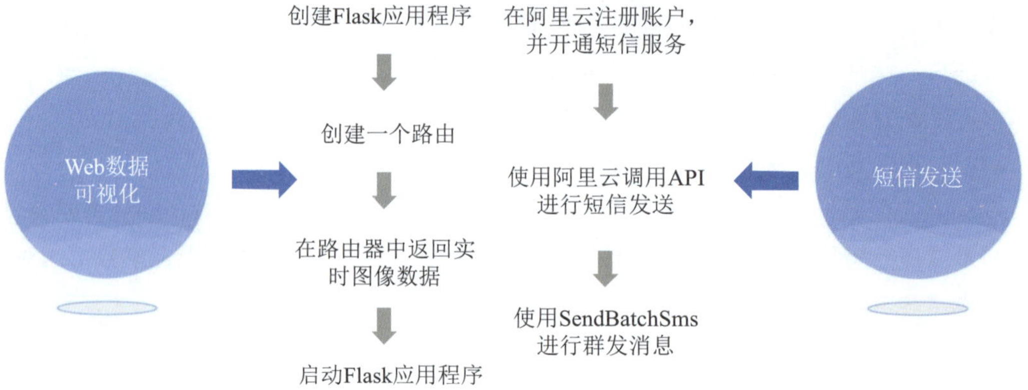

设计重点、难点

1. 监控摄像头视野受限，极端天气影响效能

基于柔性传感器阵列的压力感知IoT装置，采用深度学习框架，研究基于压感数据的人员智能分类模型，在摄像头视野受限、监控视频模糊不全时进行补充，时刻监测重点区域异常人员。

2. 异常人员乔装打扮，遮挡面部

基于视图数据的步态识别技术，在重点人员乔装，警员肉眼难以判断或需大量时间研判时，进行步态检测识别，解决警力有限的难题，提升公安机关基础管控工作效能。

3. 传统方式难以实时追踪、及时预警

保持网络，基于物联网技术，压感或步态持续监测识别，当识别出异常人员，系统将自动发送短信到手机或指挥中心，警员打开可视化界面进行进一步确认，实现事前预警、事中报警、事后追踪。

12.2.18 与鲸共舞

作品文档下载（二维码、网址）：https://www.51eds.com/tdjy/courseDetail/searchCourseDetail.action?courseId=690

作品信息

作品编号：2024045676　　作品大类：信息可视化设计
作品小类：交互信息设计
获得奖项：一等奖
参赛学校：大连工业大学
作　　者：薛睿翾
指导教师：孙丹

作品简介

以一种全新的方式探索与鲸之间的深度互动和交流，选用“与鲸共舞”为主题，希望通过信息交互可视化设计的形式，唤起人们对鲸鱼的关注和保护，呼吁大家共同努力，保护这些美丽的生物，与它们共同守护我们的蓝色家园。

演示效果

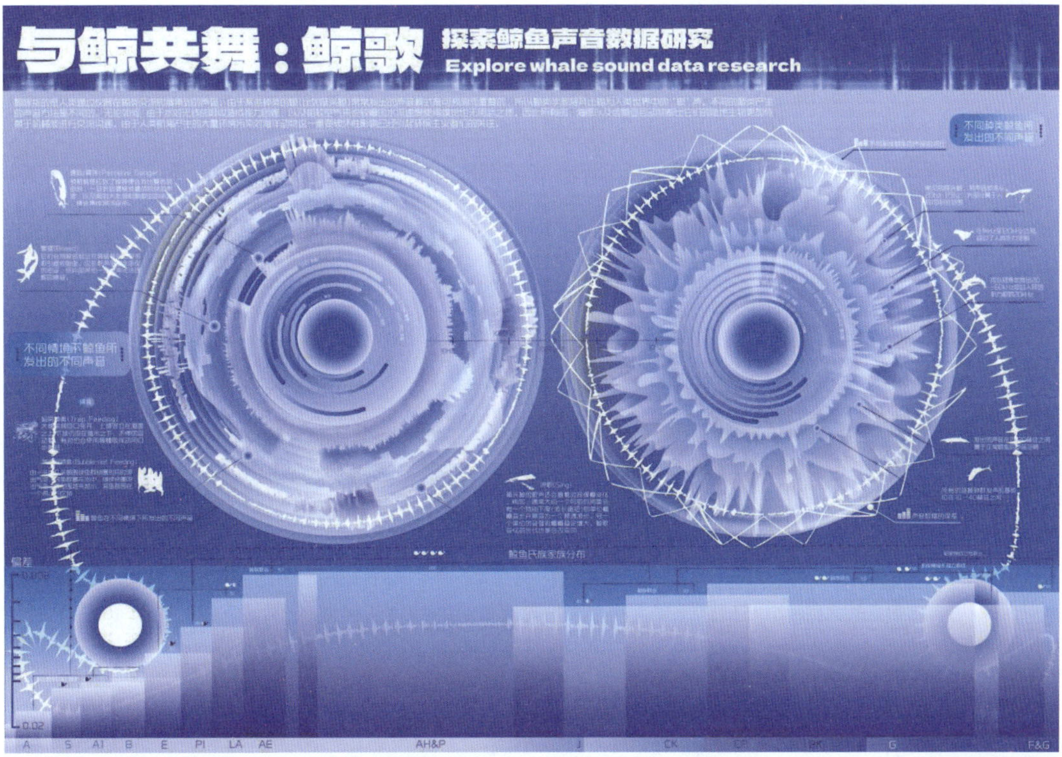

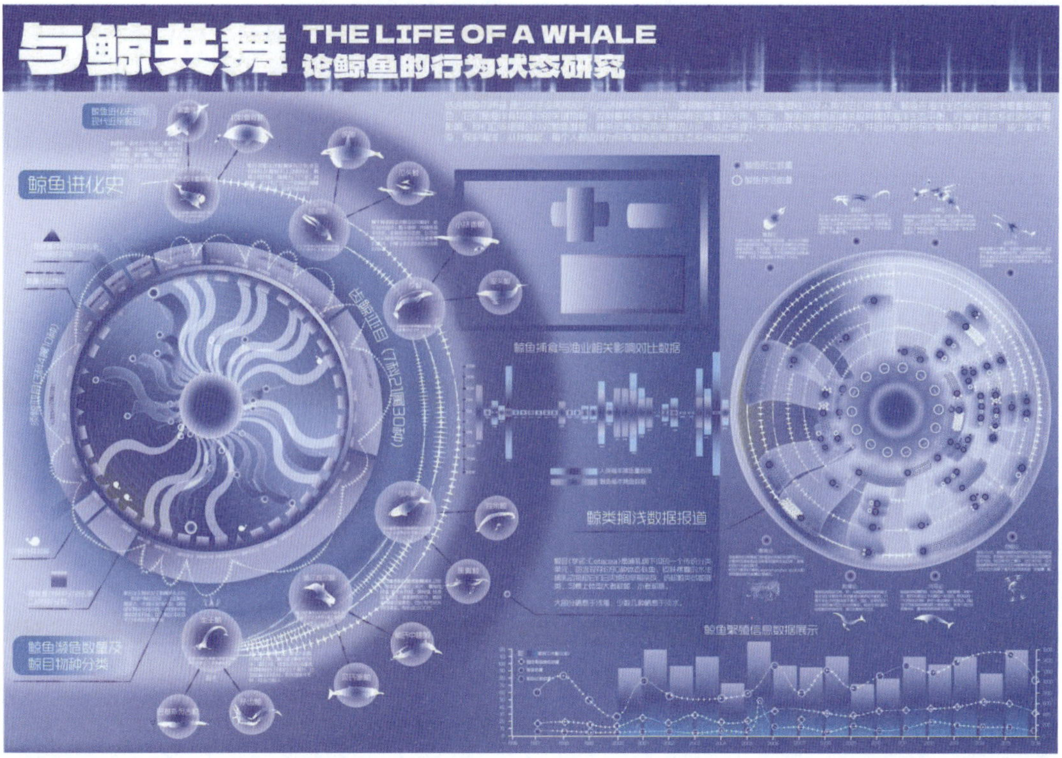
与鲸共舞
THE LIFE OF A WHALE
论鲸鱼的行为状态研究
鲸鱼进化史
鲸鱼捕食与渔业相关影响对比数据
鲸类搁浅数据报道
鲸鱼濒危数量及
鲸目物种分类
鲸鱼繁殖信息数据展示

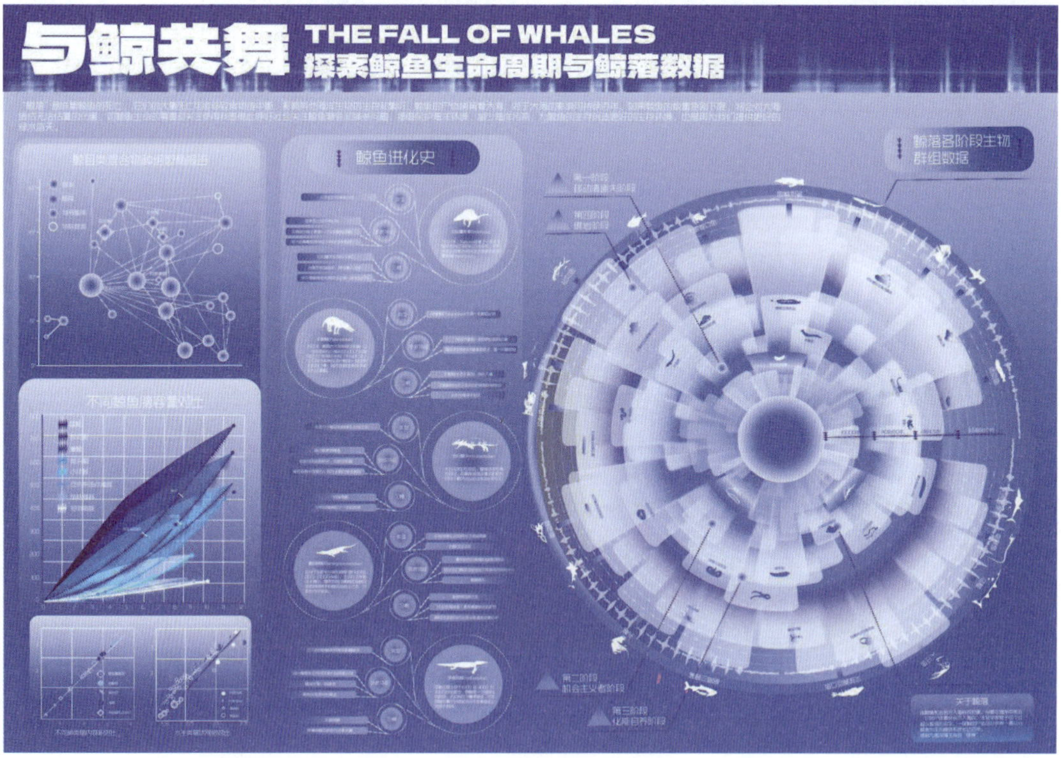
与鲸共舞
THE FALL OF WHALES
探索鲸鱼生命周期与鲸落数据
鲸鱼进化史
鲸落各阶段生物
群组数据

设计思路

1. 信息逻辑架构

信息逻辑架构

- 与鲸共舞
  - 鲸鱼的声音
    - 主要内容
      - 呈现不同鲸鱼种类的声音特征 —— 介绍不同种类鲸鱼
      - 呈现不同鲸鱼不同状态下的声音特征 —— 介绍状态
    - 辅助内容
      - 海洋噪音污染和人类活动对鲸鱼声音交流的负面影响
      - 鲸鱼氏族家族分布
    - 补充内容
      - 我国的鲸族资源
  - 鲸鱼的行为及状态
    - 主要内容
      - 以自杀（搁浅）—— 强调鲸鱼的行为习性，强调鲸鱼的社交行为和行动，与人类活动和污染的相互关系。
      - 濒危严重性 —— 介绍目前鲸鱼的可危性
    - 辅助内容
      - 关于海洋保护和可持续发展措施
      - 关于近几年中国海域鲸鱼搁浅的报道介绍
      - 鲸的食性、摄食方式及其与渔业的关系
      - 鲸类繁殖生物学
    - 补充内容
      - 显示环境威胁对鲸鱼行为频率的潜在影响
      - 鲸鱼捕食习性的进化
  - 鲸鱼的生命周期
    - 主要内容
      - 以鲸落（指鲸鱼自然死亡）为主（主介绍鲸落的功能）—— 关于鲸落的生态学
    - 辅助内容
      - 每个生命周期阶段，如鲸鱼的成长、繁殖行为等。
      - 展示鲸鱼从出生到寿终的整个生命周期，包括各个阶段的关键特征
      - 不同鲸鱼的形态特征研究及对比
    - 补充内容
      - 比较不同鲸鱼种类的平均寿命和繁殖频率。
      - 鲸类保护遗传学研究

2. 创作思路

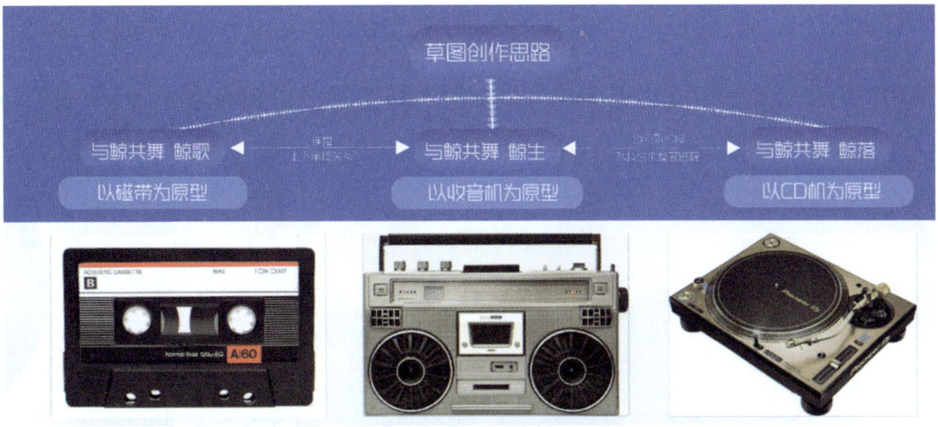

草图展示

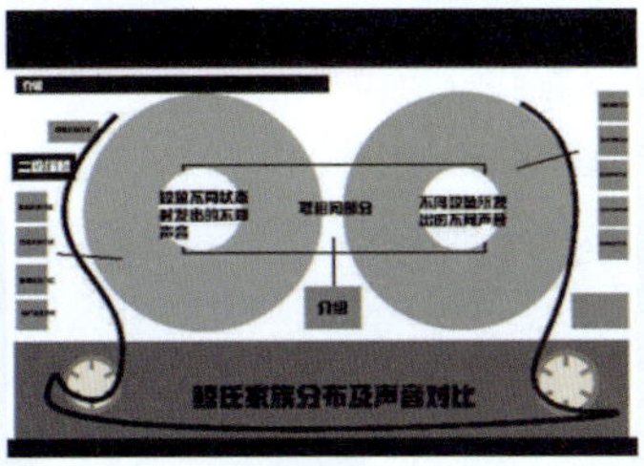

鲸歌

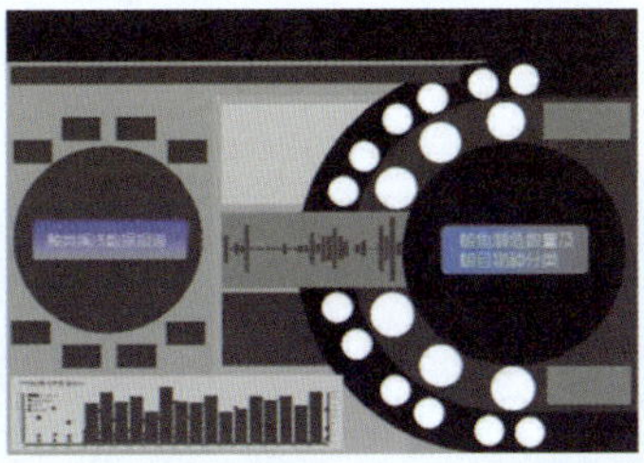

鲸生

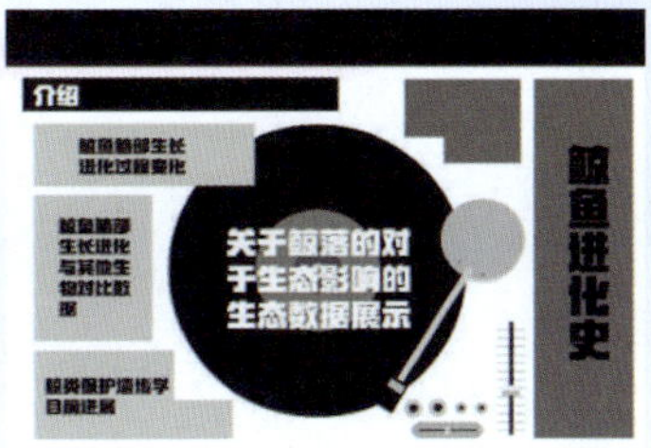

鲸落

动态草图展示

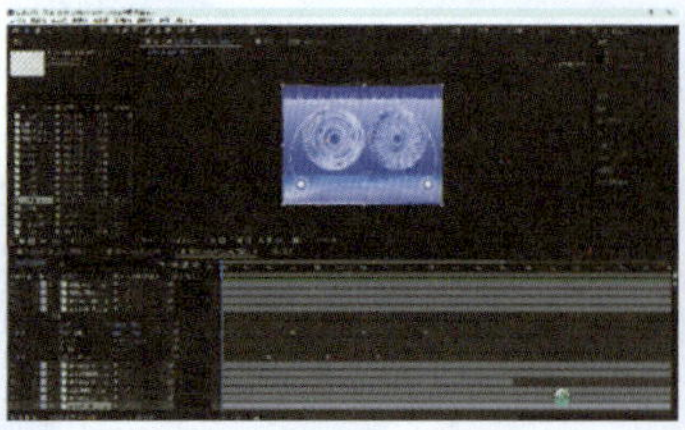

鲸歌

鲸生

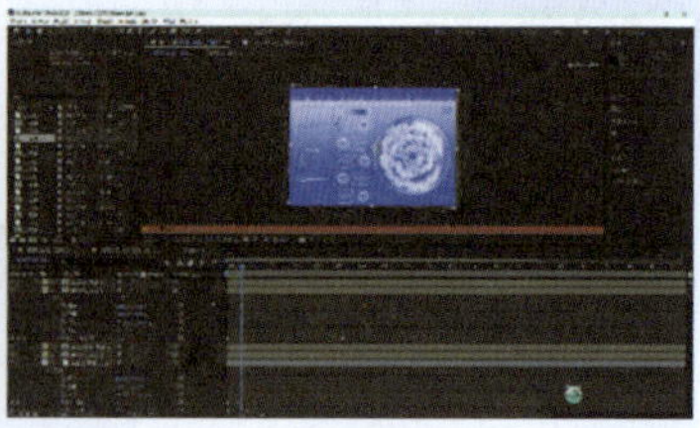

鲸落

交互草图展示

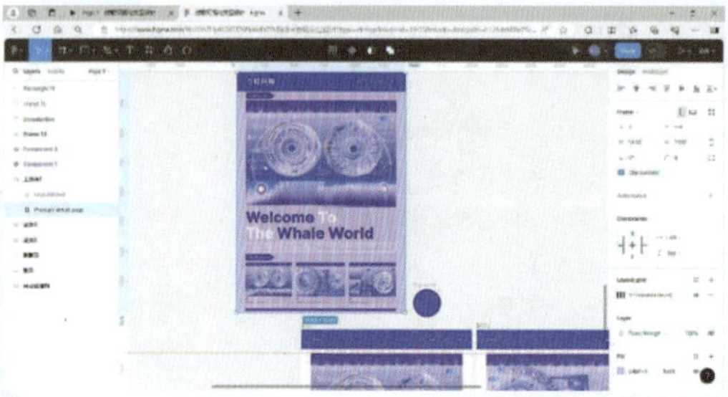

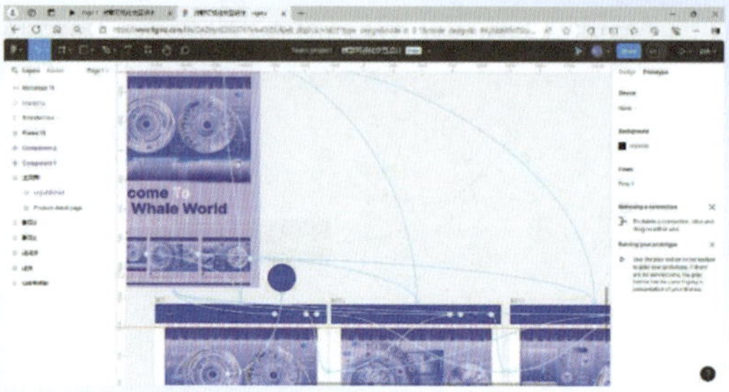

动态设计思路

声音与影像融合：结合声音和影像的元素，打造出更具沉浸感的动态体验。

结合海浪的自然形态：以层叠感、柔和感、安静感等关键风格设计主视觉动态效果，使其更具备美感

主视觉：海浪

交互式探索：以交互动态结合的方式，让用户可以自由地探索鲸歌、鲸生和鲸落的故事。大家可以通过交互手段（如滚动、点击、拖拽等）与动态元素互动，了解更多关于鲸鱼的信息和故事。

提示框：交互式探索

尝试不同表达对鲸鱼生存境遇的情感关怀和思考。通过动态效果的运用，可以生动地展现鲸鱼的生存现状和所面临的威胁，引发用户的共鸣和关注。

其他：待补充

次视觉：泡沫

泡沫的漂浮感：利用泡沫的抽象表达展示我对于鲸鱼生存境遇的情感关怀和思考，表达鲸鱼的生存现状和所面临的威胁，引发用户的共鸣和关注。

数据图:渐隐渐现

逐渐出现：动态设计的呈现和互动可以让大家参与其中，激发大众的积极性和责任感，共同为保护海洋生态环境出一份力量。

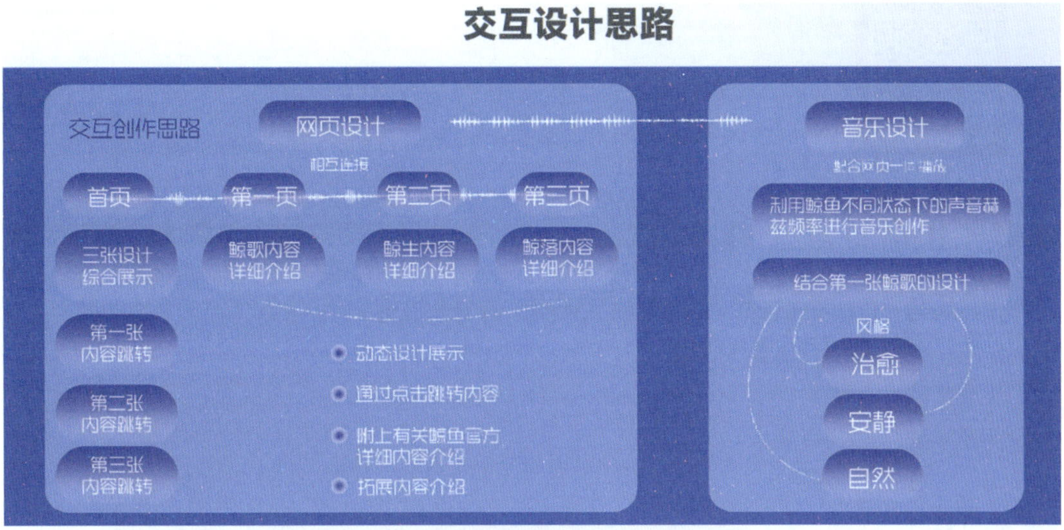

3. 设计特点

（1）自然与设计

利用自然动态形态展示现在鲸鱼的生存现状以及面临的威胁，引起大众对于海洋环境问题的关注。希望能够通过可视化设计让大家更好地理解海洋污染等对于鲸鱼生存的影响，促使大家能够对于现在环境污染问题做出行动。

（2）思考与共鸣

作为生命共同体的我们，希望唤起人们对鲸鱼命运的情感共鸣。引发大家对鲸鱼濒危和生存问题的关注和思考，呼吁大众采取行动，支持保护海洋环境、减少海洋污染、避免捕杀鲸鱼等举措，为鲸鱼的生存创造更好的环境。推动海洋的可持续发展，引起人们对于海洋环境的重视。

（3）价值与传递

传递环保、保护动物等社会价值观念。传承和弘扬人类对自然界的敬畏和尊重，促进文化的传承和发展。以维护海洋生物多样化为准则，强调习近平主席提出的理念“保护海洋生物多样性，为子孙后代留下一片碧海蓝天”。

设计重点、难点

如何选择代表鲸鱼声音、鲸鱼行为状态以及鲸鱼生命周期三个方面的原型为本设计重点和难点。最终分别选用磁带（鲸歌）、收音机（鲸生）、CD机（鲸落）为画面原型，利用磁带与收音机的承接关系，收音机与CD机的科技发展关系，将三幅作品连接在一起，以暗示鲸鱼由生到死的过程延续。

12.2.19　派

作品文档下载（二维码、网址）：https://www.51eds.com/tdjy/courseDetail/searchCourseDetail.action?courseId=690

作品信息

作品编号：2024058124　　　　作品大类：计算机音乐创作

作品小类：原创音乐类专业组

获得奖项：一等奖

参赛学校：中国传媒大学

作　　者：尚臻尧

指导教师：王铉

作品简介

本曲以祖冲之发明圆周率为灵感，选择以笛箫、中阮为主奏，结合民族打击乐及电子音乐进行创作，意在以民族器乐象征我国古代对于“派”的发明起源，电子音乐即代表当前以此发现为起点“派生”而来的一系列现代科技。

演示效果

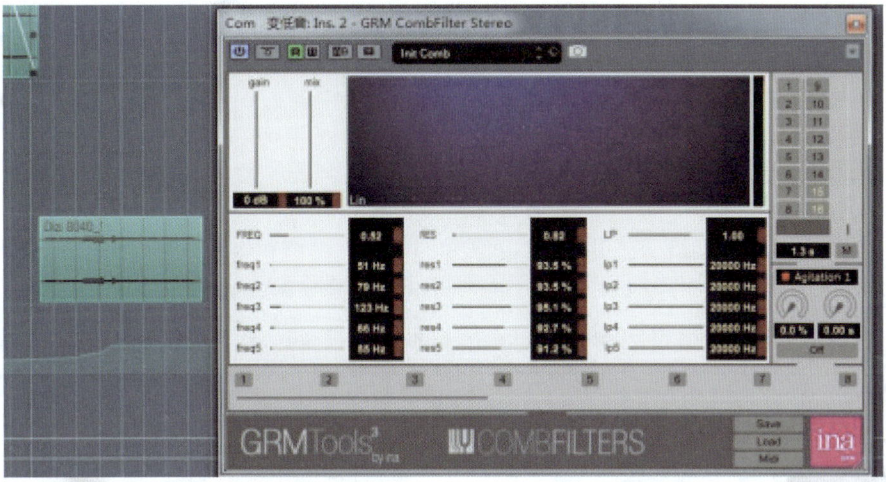

设计思路

1. 创作初衷

“派”字可做两层解读：①名词层面，圆周率（派）；②动词层面，派生、演化。

本曲以我国古代科学家祖冲之发明“圆周率（派）”为灵感源泉，并结合字面“派生”之本意，选择以笛子与阮作为双主奏乐器，结合民族打击乐及电子音色进行创作：

民族器乐及打击乐→古代对于“圆周率（派）”的发明起源

电子音乐→“派生”而来的现代科技

2. 创意要点

（1）器乐选择

《派》以笛子和阮作为双主奏乐器，结合民族打击乐及电子音乐进行创作，除去“无形”的一系列电子音色外，之所以选择笛子、阮及民族打击乐三者（组），而再未添加任何如古筝、二胡等常规民乐即是因为：

阮→“圆形”

民族打击乐→“圆形”

笛子→“直线形”

出于以上三点，希望可以在器乐组合的外在形态层面，达到“圆形”与“直线”的结合，进而与“圆周率”自身“圆形周长”与“直径”比值的含义形成映照。

（2）主题动机设计

为呼应“派”之“3.141 592 6”的数值，作品律动段的核心音乐动机亦设计为“bB-G-C-G-D”，即g小调之上“iii-i-iv-i-v”的音级排列。

（3）节奏节拍设计

作品有意打破电子舞曲4/4拍的常规律动，在部分段落转换为12/8、6/4等“以3为单位”的律动方式，同样期望在节奏上与“派”的数值有所对应。

3. 技术应用

（1）重点音源：

合成器类：Dune/Massive/Sylenth/Spectrasonics Omnisphere。

节奏打击类：NI battery 4/Taiko 2/SsdSampler/Engine Peking Oprea Percussion。

其他：Ample China Qudi/Ethno World 4/EW Silk/llya Acoustic Guitar/Spectrasonics Keyscape。

（2）主要插件

Waves/FabFilter/GRM Tools/LexHall/Eventide Blackhole/iZotope Ozone/Guitar Rig5。

设计重点、难点

选择以笛/箫（直线型）、中阮（圆形）、民族打击乐（圆形）及电子音乐（无形）进行创作，期望在器乐外在形态层面达到与圆周率自身圆形周长与直径比值相关含义的映照，亦将3.141 5的数值融入主题动机及节奏的设计。